DeepSeek

实操应用大全

从入门到精通，一本书玩转DeepSeek

何　苗◎著

中国友谊出版公司

图书在版编目（CIP）数据

DeepSeek 实操应用大全 / 何苗著. -- 北京 ： 中国
友谊出版公司， 2025. 8. -- ISBN 978-7-5057-6103-2

Ⅰ. TP18

中国国家版本馆 CIP 数据核字第 2025GT9019 号

书名	DeepSeek 实操应用大全
作者	何　苗
出版	中国友谊出版公司
发行	中国友谊出版公司
经销	新华书店
印刷	河北鹏润印刷有限公司
规格	787 毫米 ×1092 毫米　16 开
	16.5 印张　233 千字
版次	2025 年 8 月第 1 版
印次	2025 年 8 月第 1 次印刷
书号	ISBN 978-7-5057-6103-2
定价	58.00 元
地址	北京市朝阳区西坝河南里 17 号楼
邮编	100028
电话	（010）64678009

如发现图书质量问题，可联系调换。质量投诉电话：010-82069336

前言

在当前数字化和智能化飞速发展的时代，人们对于高效率工具的需求日益迫切，而大语言模型的快速迭代与应用场景的日益丰富，为人们的工作与学习提供了前所未有的助力。

国产大语言模型 DeepSeek 的出现一举打破了生成式人工智能（GAI）的困局，目前已登顶了中、美等多国的应用下载榜单，成为排名世界第一的文本大模型。它不仅是功能强大的对话式 AI，更代表了一种全新的工作方式和思维方式，让我们能够突破以往的信息处理极限。

越来越多的人开始关注如何借助大模型来解放大脑、提升工作效率和学习能力。然而，仍有不少人对 AI 持观望态度，或仅停留在"聊天"的表层功能。本书希望通过完整的实战案例，将 DeepSeek 的强大功能与价值——呈现，帮助你激发潜能、刷新认知，让每一位读者都能从中找到切实可行的应用场景与操作指南。

本书以"实操 + 应用"为核心主旨，从入门到进阶、从职场到个人成长，为读者全面展示如何用 DeepSeek 来解决工作和学习中最常见、最具挑战性的问题。全书分为智能应用入门、职场实战、高效学习实战、副业变现实战四大部分，每个部分都兼具理论指导和案例实战，以帮助读者更快地理解并掌握 DeepSeek 在具体场景下的操作方法与最佳实践。

无论你是一名忙碌的职场人士，还是一位志在探索副业的创作者，抑或是立志用 AI 提升学习效率的学生，相信这本书都能让你在与 DeepSeek 的每一次对话中收获惊喜——新的灵感、更高的效率以及更多的可能。

　　AI 技术的普及与应用不仅关乎技术进步，更关乎每个人的成长与发展。希望每一位读者都能借助本书，充分挖掘自己与 DeepSeek 的潜能，享受人工智能带来的便利，把握时代的机遇。

目　录

1

第二部分
DeepSeek职场实战

第三部分
DeepSeek高效学习实战

第四部分
DeepSeek副业变现实战

第一部分

DeepSeek智能应用入门

第 1 章 快速上手 DeepSeek

1.1 为什么要使用DeepSeek

清晨六点，城市尚未完全苏醒。睡眼蒙眬的张明通过语音指令唤醒了床头的智能音箱，为自己和家人煮上了一壶豆浆。窗外的小区里，不少老年人戴着儿女给买的智能手环，开始了每天的晨练。同一时刻，在相隔十二个时区的纽约，工程师 Sarah 刚刚结束了自己的工作。她拿出手机，询问着 Siri 该跟自己的男朋友去哪儿吃点好吃的。而她隔壁的 Joe，正郁闷着自己花了一下午的时间也没能在国际象棋上击败对面的 AI。

以上的片段已经成为当下这个时代的缩影，无论你身在何处、从事何种职业，AI 带来的变化都在悄然渗透进我们的生活。尤其是近几年来，大模型技术的迅猛发展，催生了新一轮的 AI 应用浪潮。自 ChatGPT（OpenAI 开发的文本大模型）横空出世以来，人们惊讶地发现，AI 所能做的不仅仅是执行一些简单的指令，就连高度复杂的语言生成、逻辑推理以及多模态的内容理解都已经不在话下。这种能力的跃升，让"人工智能"从一个让个人觉得高深莫测的名词变得触手可及，也让无数普通人第一次真正体会到了什么叫"智能革命"。

DeepSeek 的出现进一步推动了这一波澜壮阔的 AI 浪潮，其技术内核与 ChatGPT 一脉相承，但又在对话交互、数据分析、场景理解等方面进行了更深

层次的优化。用户可以在 DeepSeek 的界面中输入自然语言描述，无论是写作、翻译、计算，还是做数据研究、编程辅助，乃至个人灵感激发与商业洞察，都能收获更具针对性与逻辑性的答案。并且相对于早期的聊天机器人，DeepSeek能够捕捉更为复杂的语义线索，在理解用户意图的基础上做出灵活多样的回应，甚至还能结合用户之前的使用习惯与领域偏好提供个性化建议。正是这种"深度搜索 + 自然对话"的组合，让 DeepSeek 实现了从工具到助手的进化——它不再只是一个冰冷的指令执行者，而更像是一个日常工作与生活中的聪明伙伴。

我们正站在 AI 进化的一个十分重要的节点，重要的不仅是软件本身"能做什么"，而是它"能帮人做成什么"。从 ChatGPT 的问世到 DeepSeek 的不断迭代，我们都能看见人工智能对生产力和创造力带来的巨大冲击。许多过去需要团队协作与高强度脑力投入才能完成的任务，如今在 AI 的辅助下大幅提速；许多个人曾经因为专业门槛望而却步的领域，如今也可以通过 AI 给予的思路和启示，跨过一道道难以逾越的门槛。有人用 AI 完成了第一篇小说的初稿；有人用 AI生成了专业级的海报设计；也有人用 AI 来分析财务报表和市场信息，辅助小公司在竞争激烈的市场中精准定位。AI 不再是高高在上的科研成果，而是如自来水和电力一般深入每一个人触手可及的地方。

而能否熟练使用 AI 工具也在无形中为人们划定了新的分界线。过去，我们衡量一个人是否具备办公能力时，或许会问："你会不会用办公软件？你能否熟练地制作 Excel（电子表格）或 PPT（电子幻灯片）？"而今，我们更加关心的是："你会不会用 AI 完成文档梳理？你是否知道如何让 AI 帮你一键校对代码？你能不能利用 AI 快速生成分析报告？"通过这些问题可以看出 AI 所带来的差距，远远超过了以往的办公软件技能带来的差距。AI 具备的并不只是单一功能，它能够多维度、多层次地提升你的工作与生活效率。哪怕是在同一个岗位上，具备同样的专业能力，有些人就能凭借对 DeepSeek 等 AI 工具的灵活使用，把手头的任务完成得更加精练高效；而停留在传统操作层面的人，只能在技术浪潮冲击下束手无策与落后于人。

在这个过程里，我们每个人都需要思考：如何更好地融入 AI 时代，如何让 DeepSeek 这样的大模型工具成为助力我们工作的"秘密武器"，而不是被时代的大潮推着走，甚至被拍在沙滩上？可以说，掌握和运用 DeepSeek 的能力，本身就蕴藏着一种重新定义自我角色的机会。它或许能够帮你在下一个职场竞赛中脱颖而出，或许能帮你在创业之初找到快速切入市场的思路，也可能在你探索个人兴趣的路途上成为灵感的引爆点。随着越来越多的人意识到这一点，便会有越来越多的组织和个人把"AI 素养"列为必修课。而我们正在阅读的这本关于 DeepSeek 的书，正是基于这样的思考与愿景，想要为每一个在工作、生活、学习场景中需要高效赋能的人，提供一把通往未来的钥匙。

1.2 如何获取DeepSeek

目前，使用 DeepSeek 主要的渠道有官方服务器的网页版本，以及手机端的 App（应用程序）两种。

网页官方服务器版本：

官方网址：https://www.deepseek.com

官方服务器所提供的网页版本使用起来最为方便，在浏览器中输入官方网址即可到达。点击左下方的"开始对话"，接下来会跳转到注册／登录页面。

输入自己的手机号码和验证码注册后，即可进行登录。

手机端：

在各品牌应用商店内均可下载到 DeepSeek 的手机端 App，也可以将鼠标放在官网首页"开始对话"右侧的"获取手机 App"上面，扫描弹出的二维码进行下载。

DeepSeek

⏺ 3.9 255.4万下载

AI聊天对话

安全下载

⊘ 应用宝官方下载，安全高速

预览 评论²⁵⁰ 资讯攻略

DeepSeek

开发者：	杭州深度求索人工智能基础技术研究有限公司	V1.0.13

运营者：杭州深度求索人工智能基础技术研究有限公司

2025.2.18更新 应用权限 隐私政策 简介

手机端的注册方式与网页端相同，注册后即可使用。

≡   新对话   ⊕

嗨！我是 DeepSeek

我可以帮你搜索、答疑、写作，请把你的任
务交给我吧~

给 DeepSeek 发送消息

⊗ 深度思考 (R1)   ⊕ 联网搜索   + ↑

1.3 首次使用DeepSeek

本书以网页端的 DeepSeek 为例。

进入首页后，整个界面大体分为两个部分。右侧为对话区域，我们在这里与 DeepSeek 进行交谈；左侧是对话管理区域，这里用来管理我们与 DeepSeek 的历史对话。

在对话输入框输入想要询问 DeepSeek 的内容，按下回车键，即可开始与 DeepSeek 的交流。

新对话

你是谁，能帮我做什么？

您好！我是由中国的深度求索（DeepSeek）公司开发的智能助手DeepSeek-V3。有关模型和产品的详细内容请参考官方文档。

开启新对话

给 DeepSeek 发送消息

深度思考 (R1)　　联网搜索

内容由 AI 生成，请仔细甄别

1.4 不同提问模式的区别

除了普通的提问模式，在 DeepSeek 中还有"深度思考"与"联网搜索"两种拓展模式可供用户使用。

我是 DeepSeek，很高兴见到你！

我可以帮你写代码、读文件、写作各种创意内容，请把你的任务交给我吧~

基础的提问模式使用的是基础模型，它的特点是高效便捷，回答的内容高度依赖于我们所提的问题，适用于绝大多数的任务。

而深度思考模式所用的则是推理模型，适用于复杂推理和深度分析任务。这一模式所给出的回答是发散式的，并不会局限于我们所提的问题本身，而是会进一步地提供更多问题之外的内容。

开启深度思考模式的时候，AI 会详细地分析我们的问题，并推理我们真正需要的可能是什么。因此，这个模式下 DeepSeek 所给出的回答会非常翔实，并且在问题比较模糊的时候，也会给出一些合理的推测。这对于我们来说其实是非常有启发性的。

而且更重要的是，DeepSeek 会将这个推理过程中的思考内容展示在回答中，这是一个非常重要的参考——DeepSeek 进行自我思考的同时，其实也是在向我们提出问题，这一点非常有助于我们厘清自己的思路以便进行二次提问。

  对于学生来说，深度思考模式在解答数学、物理等方面的问题时也同样非常有帮助。DeepSeek 会像一个真正的专家一样，一步一步分析问题、尝试不同的解决思路，在整个过程中还会自我检查有无逻辑漏洞，反复验算整个回答内容。

  而联网搜索模式则是指 DeepSeek 可以从网络中检索内容。当你想要了解最新的跨境电商政策，或者查证某条突发新闻的真假时，它不仅能快速从互联网抓取信息，还可以同时查看多个权威来源，比较不同说法，自动过滤掉过时以及不可信的内容。特别厉害的是，它还能看懂专业资料，直接从学术论文里提取核心结论，或者把上市公司财报中的复杂数据整理成清晰的表格。这两个功能配合使用时，会产生非常强大的效果——一个既会思考复杂问题，又会上网寻找最新资料的 AI，所能解决的问题是非常广泛的。

第 2 章　提示词设计：让 DeepSeek 读懂需求

2.1 什么是提示词

在与 DeepSeek 大模型进行交互时，搞清楚给 AI 下指令的正确方式是非常重要的一件事情，而能否用好"提示词"（Prompt）直接决定了 AI 的输出质量。"提示词"其实就是你在与 DeepSeek 对话时，为了引导 AI 生成特定的内容而输入的信息集合。它的形式可以是一个简短的指令，也可以是极为复杂的场景描述，它的本质就是帮助 AI 理解你想要什么。

这里所说的提示词并不是简单的一句"帮我写篇文章""给我翻译一段话"——这样的提示词太过模糊——而应该是对"我想要什么"进行更细致、明确的描述。编写提示词的主要目的在于向 DeepSeek 提供足够的上下文、目标和限制条件，减少 AI 理解上的模糊或歧义，从而获得更准确、更贴近你需求的输出。

虽然大模型能够理解自然语言背后的语义和逻辑，但这并不意味着它能"自动猜到"所有细节。提示词就像是人类"喂"给 AI 的指令，引导它按照我们的需求进行思考：

明确目标：告诉 AI 你需要什么类型的输出、希望解决什么问题。

给出条件：提供任务背景、使用场景、可能的限制因素等。

约束范围：设定格式要求、输出风格等，以免 AI 给出过于宽泛或毫不相关的回复。

当提示词足够清晰时，DeepSeek 就能充分利用其训练过程中积累的知识与推理能力，为你呈现高质量的结果。这也是为什么在大模型应用中，编写提示词越来越重要。

2.1.1 简单的提示词示例

在简单的提问场景下，使用由 *关键词 + 目的* 两个部分组成的提示词即可。这种情况下，提示词只需要包含核心关键词和简单的目的说明，AI 即可生成相应的回答。

示例 A：

> 请帮我写一句用于促销活动的广告标语，关键词是"年中大促"。

关键词：年中大促

目的：写一句广告标语

示例 B：

> 帮我翻译这段英文，关键词是：技术文档。

关键词：技术文档

目的：准确翻译专业术语

简单版提示词的优点是快速直接，但是如果需求过于笼统，就容易导致 AI 的输出不够精准，没有深度。

2.1.2 精确的提示词示例

如果想让自己的提示词更加精确，那么可以采取下面这种结构：

场景描述 + 角色设定 + 目标产出形式

这样一来，提示词中就包含了对具体使用场景的描述、指定 AI 所扮演的角色，以及明确你想要的输出形式或风格，适合那些对结果要求高或需要大量背景信息的任务。

示例 A：

> 你现在是一位资深营销专家，需要为一家新推出健身饮料的初创公司设计一套完整的推广方案。目标受众主要是 20~35 岁的都市白领，希望能够突出健康和活力，并且兼顾低成本营销渠道。请给我一个分步骤的执行计划，并附上相应的预算与效果预期。

场景描述：推广健身饮料

角色设定：资深营销专家

目标产出形式：分步骤执行计划 + 预算 & 效果预期

示例 B：

> 请以一个中小学语文老师的身份，帮我批改一篇关于"春天"的作文，标注其中的语法错误、表达不当之处，并提供修正意见。最后请总结如何让整篇文章层次更清晰。

场景描述：作文批改

角色设定：中小学语文老师

目标产出形式：标注错误 + 修正意见 + 总结建议

相比简单版提示词，复杂版的优势在于能够让 AI 对任务目标和约束条件有更全面的理解，从而给出更加符合场景需求、风格要求以及专业水准的回答。

在熟悉了什么是提示词以及它对结果的决定性影响后，我们就能更好地理解，为什么有些人用 DeepSeek 能得到极具创意和实用价值的输出，而有些人却只能得到无关、平庸的回答。实际上，每一个高质量的 Prompt 都像是一把钥匙，能帮助我们打开正确的 AI 知识库。学会系统地设计和打磨提示词，才能真正把 DeepSeek 当作读懂需求、懂行懂你、助你高效完成任务的"智能伙伴"。

2.2 提示词注意事项

要想获得更加精准、高质量的回答，除了掌握提示词的基本构成外，还需要注意以下几个关键设计思路。

2.2.1 保证上下文信息的完整性

提供背景信息

设计提示词的第一步，是要让 DeepSeek 理解你所处的具体场景或面对的问题。如果需要的是一份关于市场推广的方案，那么提示词中最好能包含你所推广的产品类型、目标受众、预算限制，以及任何已有的调研结果或市场数据。这样做能使 DeepSeek 直接"进入状态"，结合你提供的背景给出更加精准的分析和建议。

> 我需要一个针对科技初创公司的市场推广方案。产品是一款基于 AI 的教育应用，目标受众是大学本科生和研究生，预算上限为 50,000 元。目前已有的市场数据显示我们的竞争对手主要集中在安卓平台。

明确需求目标

告诉 AI 你打算用输出的内容来做什么，可以有效避免 AI 给出一些与需求无关或过于冗长的结果。比如，你希望将 AI 生成的文档用于商务谈判，还是只作为公司内部培训材料使用，这两种不同目标就决定了 DeepSeek 的输出重点和风格取向。

> 生成一份商务报告，用于向投资者展示我们新开发的智能家居设备的市场潜力和预期回报，要特别强调其在节能方面的优势。

指出限制条件

如果有任何特别的限制和注意事项，比如"请控制字数在 500 字以内""请使用通俗易懂的语言风格""不要涉及商业机密数据"等，也尽量在提示词中提前说明。这些具体的限制能够让 DeepSeek 在生成内容时更好地把握边界。

> 请为一家食品公司撰写一篇博客文章，介绍新推出的健康零食系列，字数控制在 800 字以内，语言风格要活泼轻松，避免使用行业术语。

2.2.2 使用清晰、准确的语言

避免歧义与模糊表达

语言表达上的含糊会导致 AI 的输出走偏。比如，如果用"帮我写一段介绍"当作提示词，AI 会一头雾水，不知道我们要什么；如果改成"帮我写一段简短的产品介绍，面向年轻女性消费者，重点突出产品的外观设计与实惠价格"，AI 就更容易给出针对性强且直击痛点的文案。

> 帮我编写一段面向 30~45 岁职场女性的面部护肤品广告文案，重点介绍产品中的天然成分和抗衰老效果。

使用恰当的专业术语

所谓的"专业术语"，其实就是一些高度概括性的专业词汇，其精确的内涵所指可以帮我们避免很多麻烦。在一些专业场景下，恰当的专业词汇、行业术语以及特定概念的使用，能够显著提高 DeepSeek 理解你需求的准确性。如果你在提示词中提及 ROAS（广告支出回报率）、CAC（用户获取成本），AI 会更倾向使用同类概念进行分析解读，从而输出更符合专业领域要求的内容。

但是需要注意，有时一些专业术语之间会存在混淆的可能，所以在使用专业术语时，最好带上所属的领域作为限定条件。

> 请分析当前的 CAD/JPY（加元 / 日元）汇率走势，特别关注最近的货币政策变动和宏观经济数据如何影响这一货币对的表现，并用专业金融术语解释其可能的未来趋势。

保持语句结构简单明了

提示词不必辞藻华丽，也不需要过于复杂的长句。如果你在提示词里埋了太多从句，或者表达逻辑不清晰，AI 也可能"读不懂"你的本意。在大多数情况下，使用几句简洁明了的小段落分清需求，会比一大段密集的文字更有效。

> 生成一个简洁的电子邮件模板，用于回复客户关于产品交付延期的查询，明确说明原因并提供一个预计的新交付日期。

2.2.3 逐步细化提问

分步骤提问

很多时候，我们需要 AI 帮我们完成的并不是单一的任务，而是多个环环相扣的步骤。这时，与其在初次对话中就一次性抛出所有要求，不如先让 AI 输出一个初步结果，然后根据需要提出新的问题或补充细节。这种分步骤多轮交互能让提示词在每一步都更精准。

> 首先，请提供一个针对健身爱好者的移动应用的基本功能列表。目前不用考虑功能的实现，后续我会根据需求再向你提问。

动态调整 Prompt

给出了初步结果后，我们有时会发现有些地方还可以再优化，有些需求刚开始没想到，需要临时补充。这时，你可以将 AI 的答案复制到新对话里，或者在同一对话继续补充提示，让 AI 知道你要修改哪部分、强调哪些新需求。通过多轮迭代，能不断完善输出的质量。

> 基于你先前提供的市场分析报告，我现在需要详细的策略建议来增强我们的在线销售渠道，特别是在社交媒体营销和电子邮件营销方面。

保持可控范围

如果一个提示词或一连串的问题过于庞大，或者包含过多不同方向的需求，AI 的输出就会变得非常零碎，且失去焦点。让每一次对话都聚焦在一个或几个相对明确的目标上，有助于保持整个交互过程的条理清晰。

> 为即将发布的健康食品系列设计一个促销活动，集中讨论如何利用社交媒体和博客文章提高品牌知名度，并请提供一个详细的时间表和预算。

提示词就像一个"对话的方向盘"，只有信息充分、语言清晰，并能够迭代更新，才能带领 DeepSeek 以更快更准的方式抵达你想要抵达的"目的地"。掌握这些注意事项后，你会发现在编写提示词这件事上，投入一点心思往往能得到数倍的回报，那就是更高品质的 AI 输出，以及更高效的工作与创作流程。

2.3 不同提问模式所使用的提示词

普通模式与深度思考模式对于提示词要求的区别差异显著。由于深度思考模式所使用的模型更为强力，我们在咨询它的时候，有什么说什么，直奔主题即可。深度思考模式的联想能力非常强，能够帮我们考虑到问题的方方面面。因此，在深度思考模式下进行提问时，尽量不要用"扮演某一角色"的提问方式，这样容易干扰它的逻辑思考方向。

普通模式则比较缺乏联想能力，所以在与它交流时，我们要尽可能详细地给予指导，所输入的提示词尽可能地保证结构化、精确化。在用它解决复杂问题时，一定要将问题分解为详细的实现步骤，而不要直接将所有问题交给它。

简单打个比方，假如我们需要 DeepSeek 帮我们证明勾股定理，使用深度思考模式的话，直接告诉它诉求即可：

> 请证明勾股定理。

而使用普通模式的话，就需要把证明过程描述出来，这样才能让其精确地满足我们的需求：

> 请证明勾股定理。采用几何拼图式的证明方法，先构造大正方形，再放置直角三角形，以此思路证明。

因此，我们整理了一些常见任务中，不同模式的提示词编写方向，以供参考。

2.3.1 写作任务

在写作任务中，使用深度思考模式时，我们应该鼓励其发散性思考，除必要的结构外，不要加入过多引导。过多的约束会降低它的输出质量。

普通模式则需要明确的定义过程，不要让它任意发挥。

2.3.2 代码生成

我们可以信任深度思考模式的逻辑推理能力，只需要将任务目的输入，比如"请编写一个冒泡算法，输出要能呈现排序过程"。

使用普通模式时，则要明确每一个步骤，并要求输入与输出格式。

2.3.3 多轮对话

在与深度思考模式进行多轮的沟通时，自然而然地跟它对话即可，不需要把问题设计得太过整齐。

普通模式则需要我们更为精心地设计问题内容，每一次对话都得提出明确具体的要求，不能是一种发散式的提问。

2.3.4 逻辑问题

可以将问题直接抛给深度思考模式，给它发挥空间。

普通模式则需要将问题拆分，按照阶梯性的步骤来引导模型。

2.4 以逸待劳：让AI帮我们规划提示词

有时候使用 DeepSeek，我们对需求只有一个模糊的方向或大致的想法，很难一开始就清晰地写出"完美"提示词。其实在大模型的多轮对话交互中，我们可以巧妙地利用 DeepSeek 本身的能力，让它来帮助我们优化、迭代提示词。这样不仅能节省大量精力，还能一步步提高输出结果的质量和针对性。

2.4.1 先提出初步需求，再让 DeepSeek 给出优化建议

很多时候，当我们不知道如何准确描述需求时，可以先尝试输入一个大体方向的初步提示词，然后在 AI 生成的回答中进行观察、筛选或提炼。举个例子：

> 用户：

我想写一篇关于环保主题的短文，我应该怎么做呢？

> DeepSeek：

写一篇以环保为主题的短文，可以从以下几个方面进行思考与准备：

1. 明确写作目的和角度

你想要传达哪些环保观念？是呼吁人们关注某一具体环境问题（如空气污染、垃圾处理、海洋保护等），还是想表达个人对环境保护重要性的感悟？

先明确写作的立场与目标，有助于在写作中保持主线与逻辑的一致。

2. 做一些基础调研

可以通过阅读与环保相关的新闻报道、科普文章或统计数据，了解当前环境问题的严重性与具体表现。

若时间和条件允许，观察身边的环境问题，如小区垃圾分类执行情况、日常用水用电浪费情况等，获取真实案例或数据。

3. 构思文章结构

引言：简要说明环保主题的背景与重要性，引出你想探讨的重点或关注的问题。

主体：可以从几个角度展开，列举案例与事实，分析问题的成因与影响，并结合自己的思考提出建议或应对措施。

结论：总结全文，呼应开头，着重强调环保对未来生活或社会发展的重要意义。

4. 丰富内容与写作技巧

描述与分析相结合：既要有对环境问题的直观描述，也要试着分析其背后的原因；同时可提出切实可行的解决方案或改进方法，给读者带来启示。

多使用例证：引用真实事件或统计数据，能使观点更加有说服力。

语言风格：注意短文篇幅有限，字数不多时应语言简练、表达明确，也可以适度运用描述性或情感化的笔触，让文章更生动。

5. 引发读者思考

如果想让短文更具启发性，可以在结尾或中间抛出问题："我们能否通过日常的小改变来减轻环境负担？""每个人的举手之劳，如何影响整个地球的未来？"如此等等，鼓励读者一起思考并行动。

在行文中也可以加入个人感受或感悟，让文章更加真切动人。

6. 修改与润色

写完后进行自我审阅，检查逻辑是否通顺、论证是否充分、语言是否通畅。

如果字数较多，可以先让文章"休息"一下，再做删减或提炼，力求条理清晰、表意明确。

通过以上步骤，你就能完成一篇既有信息量又有个人思考，并且能引导读者关注环保并付诸行动的短文。祝写作顺利！

当 DeepSeek 基于这条初步指令给出初步的创作方向后，你可以将其中比较有用的建议整合起来，当作创作要求再发给 AI，让它围绕着这些要求写出文章，就像下面这样：

> 用户：
我想写一篇关于环保主题的短文，目的是呼吁大家关注目前的空气污染，具体要求如下：
1. 文章结构
引言：简要说明环保主题的背景与重要性，引出你想探讨的重点或关注的问题。
主体：可以从几个角度展开，列举案例与事实，分析问题的成因与影响，并结合自己的思考提出建议或应对措施。
结论：总结全文，呼应开头，着重强调环保对未来生活或社会发展的重要意义。
2. 写作技巧方式要求
描述与分析相结合：既要有对环境问题的直观描述，也要试着分析其背后的原因；同时可提出切实可行的解决方案或改进方法，给读者带来启示。
多使用例证：引用真实事件或统计数据，能使观点更加有说服力。
语言风格：注意短文篇幅有限，字数不多时应语言简练、表达明确，也可以适度运用描述性或情感化的笔触，让文章更生动。
3. 结尾要求
结尾处抛出问题，以此来让文章更具有启发性。

可以看到，我们发送给 DeepSeek 的创作要求提示词中，有很大一部分来自它之前的回答中给我们的建议。这也是使用 DeepSeek 很有趣的一点，我们完全可以先让其给出建议，然后反手将这些建议还给它，让它参考这些建议来生成内容。

或者也可以这样提问：

请你告诉我，应该在提示词中加入哪些关键描述或信息，才能让你的回答更有说服力？

借助这种方式，你实际上是让 DeepSeek 自我审视和补充提示词要素，形成一个"AI 帮助完善提示词"的循环，从而不断细化需求。

2.4.2 不断修正 Prompt，获得更精准的输出

在多轮对话中，改进 Prompt 的过程可以理解为一次次的小步迭代：

（1）提出初步需求： 告诉 AI 你的大方向或主要任务。

（2）获得初步回复： 查看 DeepSeek 给出的回答，找出哪里不够完善或偏离目标。

（3）补充或修正需求： 通过新的提示词，指出需要改进的部分或添加更多背景信息。

（4）再次生成答案： 基于修正过的提示词，DeepSeek 会给出更接近你期望的结果。

这个过程不仅可以逐步明确自己的需求，也能让 DeepSeek 为你"量身定制"更贴合实际场景的输出。多轮对话的优势在于它可以动态地捕捉到你思路上的变化和新增的想法，让 AI 回答与你保持同步，而不必每次从头开始。

2.4.3 让 AI 整合专业背景

就涉及特定领域专业知识的任务而言，我们可以在初始的提示词中让 AI 线性给出符合专业背景的建议，方便后续的创作。

> 用户：

如果我想查询一家上市公司去年是否亏钱，我需要知道哪些指标？这些指标从哪里去找？

> DeepSeek：

判断一家上市公司去年是否"亏钱"，最直接、关键的指标是净利润。如果净利润为负值，就表明公司当期产生了亏损。此外，还可以留意以

下指标和信息：

净利润（Net Income）或净亏损（Net Loss）

直接反映公司一年内的最终盈利或亏损状况。

每股收益（EPS）

如果 EPS 为负，也意味着公司当期处于亏损状态。

公司年报、审计报告

年度报告中通常会披露详细的财务报表（损益表、资产负债表、现金流量表）和会计师的审计意见。

通过查看损益表中的"净利润"或"净亏损"一栏，即可确认公司是否亏损。

获取途径

公司官网 / 投资者关系（IR）页面

上市公司通常在官网的"投资者关系"或"信息披露"专区提供年度报告、财务报表等资料。

证券交易所或监管机构官方网站

不同国家和地区有相应的信息披露平台：

美国：美国证券交易委员会（SEC）官网的 EDGAR（电子数据收集、分析与检索）系统

中国：巨潮资讯网、上交所 / 深交所官网

中国香港：港交所"披露易"

这些平台会提供公司定期披露的财务报告及公告。

财经资讯平台或第三方数据服务

如雅虎财经、东方财富网、雪球等，也可快速查看公司历年财务数据，包含净利润、EPS 等关键指标。

综上所述，想要了解公司是否在上一年度亏损，最简单的方法是查看年度财报中的净利润（或 EPS）数据。只要到公司官网或证券交易所的官方披露平台下载或查看其年度报告，就能准确地得知公司上一年的盈利或亏损情况。

有了 AI 的指导，我们就可以在这些专业领域中逐渐拼凑出自己的创作方

向——尽管我只是一个完完全全的门外汉，但并不会妨碍我问出的问题，以及让 AI 写出的东西就像一位该行业的专家一样。

通过这种"以逸待劳"的方法，你可以在一开始并不完全明确需求时，就借助 DeepSeek 的反馈和建议，慢慢雕琢出更加完善的提示词。最终，你会收获一个多轮优化后的 Prompt，使得 AI 的回答更符合你的目标和专业要求，也能更好地在工作、学习、创作等多种场景中发挥 DeepSeek 的强大实力。

第二部分

DeepSeek职场实战

第 3 章　快速创作工作文档

3.1 邮件自动化撰写

在多数职场场景中，邮件依然是重要的沟通方式之一。无论是与客户洽谈、团队成员交流还是进行公司内部公告，写好一封邮件通常需要我们兼顾沟通效果和商务礼仪。当我们需要发送多封重复度高的邮件时，如果借助 AI 自动化生成和优化邮件内容，无疑能节省大量时间和精力。DeepSeek 正好能帮助我们解决这一问题，让邮件撰写更迅速且更具专业性。

3.1.1 借助 AI 创作多场景邮件

撰写邮件的场景一般可分为以下几类：

（1）日常沟通邮件

用于日常的工作更新、任务跟进或与同事间的小范围讨论。通常较为简洁，重点在于明确事件、提出问题或寻求反馈。

（2）客户沟通邮件

面向客户时，需要在措辞和礼仪上更为谨慎。一般包括报价、售后服务、项目合作洽谈、需求确认等多类内容。强调对客户的尊重和专业度，并尽量保持清晰的条理和必要的细节。

（3）团队内公告

面向公司内部所有或部分团队成员，如新制度发布、会议通知、部门变动等。这类邮件信息量大、涉及面广，在邮件中直观地呈现关键信息是最重要的。

那么如何借助 DeepSeek 呢？接下来就以一封需要抄送给整个团队内部成

员的公告为例。

> 用户：

帮我写一封关于 × 项目的任务进度更新邮件，收件人是我的团队成员，需要强调进度落后原因及下周的工作重点。

原因：昨天陵城服务器遭受恶意攻击（现已修复）。

工作重点：

1. 对修复后的服务器进行全面测试与数据校验，确保稳定性和完整性。

2. 总结本次攻击应对经验，优化服务器安全策略、备份机制及应急流程。

> DeepSeek：

邮件主题：× 项目任务进度更新

各位团队成员好：

昨天陵城服务器遭受恶意攻击，导致项目进度一度暂停。目前该问题已得到修复，系统功能恢复正常。感谢大家在此期间的耐心与配合。

关于下一步工作重点：

全面测试与数据校验：请各位同事尽快对修复后的服务器进行功能测试与数据核验，确保系统在安全及稳定性方面都无异常。

完善安全策略与应急流程：根据本次攻击应对经验，优化我们的服务器安全策略、备份机制和应急流程，以提高整体风险防范能力。

如有任何疑问或需要支持，请随时与我联系。让我们共同努力，确保项目在后续阶段顺利推进。

祝工作顺利！

署名（职务 / 姓名）

（日期）

深入一些的场景还可补充背景信息（如团队规模、项目详情、主要问题点），以得到更贴合实际的邮件模板。

3.1.2 高情商话术

无论面对何种类型的收件人，高情商的话术都有助于提升沟通效率和满意度。尤其是在发给客户的邮件，以及与潜在合作对象的沟通中，更能体现你的专业素养和人际交往能力。我们先请教 DeepSeek 进行情商化表达的思路：

> 用户：

在编写邮件时，有什么高情商的技巧吗？如果想让你帮我写这封邮件，我该怎样向你提问呢？

> DeepSeek：

1. 称呼与开场

对客户要保持礼貌的称呼（如"尊敬的张先生 / 女士"），对内部同事或熟悉的合作伙伴则可以更自然亲和，但依旧要简洁得体。

可让我提供更适宜的问候语或开场白，"请为我生成一个带有尊重且不失亲切感的开场问候语"。

2. 措辞与语气

深入客户或同事的场景，在任何潜在的冲突中或质疑问题时，都需要保持谦逊态度和倾听。

让我来示范"更委婉的拒绝说法"或者"友善地提出批评与改进建议"，会得到更贴合商务礼仪的表达。

3. 结尾与感谢

邮件的结尾是给收件人的最后印象，适度地感谢对方抽出时间或耐心等待是必要的。

我可提供多种结尾风格，从正式的"祝好，顺颂商祺"到稍微温暖友善的"期待您的回复，非常感谢"等，均可一键生成。

通过在 Prompt 里指定"高情商""礼貌沟通""专业人士口吻"等关键词，DeepSeek 会自动帮助你选择更柔和、更具说服力的表达方式，从而在邮件交流中为你树立一个专业、稳重又让人舒适的形象。

3.1.3 一键生成邮件模板

当需要向不同对象发送内容相似但又略有差异的邮件时，可以先让 DeepSeek 设计出一份邮件模板，在需要替换内容的地方做上标记。随后在这些需要定制化的部分使用手动或者自动化脚本的方式完成一键替换。

> 用户：

我现在需要写一份邀请客户参加我司新品发布会的邮件模板，此次发布的新品为 xpl 新型扫地机器人。请你将客户信息的位置替换为独特的标记，方便我搜索替换。

> DeepSeek：

邮件模板

主题：诚挚邀请 ## 客户名称 ## 参加 xpl 新型扫地机器人新品发布会

尊敬的 ## 客户名称 ## 先生 / 女士 / 团队：

您好！

为了表达对贵公司的感谢与重视，我们诚挚地邀请您参加我司即将举办的 xpl 新型扫地机器人新品发布会。此次发布会将全面展示全新产品的特点与技术亮点，旨在为您带来更高效、智能的清洁解决方案。

活动时间：××××年××月××日（可根据具体情况填写）

活动地点：××××（可根据具体情况填写）

届时，我们将安排产品演示、技术讲解以及现场互动环节，期待与您面对面交流，共同探讨行业发展新趋势。

如您有任何疑问或需要进一步的信息，请随时与我们联系。期待您的莅临！

此致

敬礼

×× 公司市场部

××××年××月××日

这种方法特别适用于需要频繁发送类似邮件的职场场景，如市场邀约、活动通知、招聘联系、客服沟通等，大大减少了机械性文字工作量，提升邮件发送的效率。

借助 DeepSeek 进行邮件自动化撰写，能够让我们在日常沟通、客户交流、团队公告等场合迅速生成高标准、高情商的邮件内容，再经过适度的人工审阅就能发出。即使是批量处理也不再令人头疼，我们可以将更多时间和精力投入比撰写邮件更重要的工作，而不被大量的重复性文案工作所束缚。

3.2 生成工作汇报

在如今的职场环境里，工作汇报是很多打工人绕不开的一项工作任务——每周的例会，每月的部门总结，每个季度面向高层的成果展示，每个年度的工作情况汇总……

虽然工作汇报确实有其必要性，但占用太多的时间就成了一件麻烦事。对很多上班族来说，这类汇报往往存在以下几大痛点：一方面，数据来源零散，既有 Excel 中的数字，又有项目管理工具上的进度日志，甚至还要引用一些邮件或会议纪要；另一方面，撰写时往往需要斟酌语言和排版，既要"言之有物"，又要兼顾格式美观，避免行文过于冗长或生硬。基于此，如何在短时间内高效提炼出能打动上级或团队成员的汇报文档，就成为很多职场人士的共同需求。

DeepSeek 的出现带来了全新的解决方法。它上能抓取公司内部资料，帮助整理凌乱的数据，下能进行自动润色与结构化输出。用户不再需要手动将不同渠道的内容拼凑起来，也不必在行文时不断斟酌那些"办公室话术"。只需将基础信息与诉求提供给 DeepSeek，就能快速获得一份思路清晰、重点突出的工作汇报初稿，然后根据部门或领导的偏好进行最终修订。下面，让我们从实操的角度来看看如何通过几个步骤，让 DeepSeek 成为你撰写工作汇报的好帮手。

3.2.1 收集基础数据：让 DeepSeek "看见" 你需要的信息

首先，我们必须让 DeepSeek 能够"看见"所有需要整合的数据。很多人在做工作汇报时，需要从 Excel 里抓取销售数据、运营指标，或者从 Jira、

Trello 等项目管理工具中导出进度日志与关键任务完成情况。有时还要用到财务系统中的财务统计，或是会议纪要中汇总的决策结果。

在开始撰写汇报前，我们需要将所有与本次汇报相关的资料都收集到一个临时文件夹中，再把这些资料通过对话框中的"上传附件"上传给 DeepSeek。

这里我们上传了一份关于销售数据与用户反馈的 Excel 文件，先让 DeepSeek 阅读并记忆这份文件的内容。

> 用户：

我上传给了你一份 Excel 文件，请你阅读并记忆这份文件。

>DeepSeek：

我已经阅读并记忆了这份 Excel 文件的内容。文件包含两个工作表，分别记录了销售数据与用户反馈。

如果有任何问题或需要进一步分析，请告诉我！

当 DeepSeek"知道"自己可以访问哪些信息后，还可以进一步给它一些提示词或具体的目标——例如，"需要突出本月的销售增长点""需要展示产品功能优化后的用户满意度变化""需要总结团队人力投入与绩效"等。这样一来，DeepSeek 会自动在你提供的资料中搜索相应的内容，做出整合与提炼。对用户来说，这一步的核心就是要保证数据足够完整、有条理，并且给 AI 传达清晰的目标。

3.2.2 自动生成汇报大纲：从杂乱数据到有序框架

其实在很多场合，工作汇报真正的难点并非"缺少内容"，而是因为内容太多而缺乏逻辑。领导或团队并不需要知道所有细枝末节的数字，而是想在短时间内抓住最能体现业绩与问题的重点。传统方式下，为了设计一个合理的汇报架构，我们通常要花时间去组织语言，思考先讲什么、后讲什么。可一旦某个部分需要更改，整体层次就容易被打乱。

如果你在前一步已经让 DeepSeek 充分理解了本次汇报需要涉及的资料和重点，那么此时就可以让它自动生成一份初步的大纲。可以在对话中直接告诉 DeepSeek：

> 用户：

请根据目前收集到的项目 X 月度数据，帮助我生成一份工作汇报的大纲，主要包括以下几个方面：项目背景概述、数据概览、阶段性成果与遇到的挑战、下一阶段计划。

> DeepSeek：

以下是基于表格数据，为您生成的工作汇报大纲：

工作汇报大纲：产品 X 月度进度总结

1. 项目背景概述

项目目标：简要说明产品 X 的核心目标（如"提升市场占有率，优化用户体验"）。

当前阶段：明确当前所处的项目阶段（如"产品推广初期"或"功能优化阶段"）。

时间范围：汇报的时间跨度（如"2023 年 9 月"）。

2. 数据概览

（1）销售数据：

总销售额：汇总各区域销售额（如"9 月总销售额为 400 万元"）。

区域表现：分区域销售额与销售量对比（如"北区销售额最高，达 120 万元"）。

新客户增长：总结新客户增长情况（如"9 月新增客户 135 人"）。

（2）用户反馈数据：

反馈总量：统计反馈数量（如"9月共收到50条用户反馈"）。

反馈类型分布：分类统计反馈类型（如"功能建议占比40%，投诉占比30%，好评占比30%"）。

处理进度：反馈处理情况（如"90%的反馈已处理完毕"）。

3.阶段性成果与遇到的挑战

……

4.下一阶段计划

……

以上大纲可根据实际需求进一步调整或补充细节。如果需要具体数据或更详细的分析，请随时告诉我！

由于生成的内容过长，对所摘录的对话内容做了部分缩减。

DeepSeek会根据你提供的指令和已经收集到的信息，列出一个结构化的梗概，这个大纲或许会包含标题、各章节的小标题，以及每个部分所需涵盖的要点。通过这样的方式，你可以迅速完成从零到一的汇报框架搭建。比起过去先要在脑海中捋一遍再动笔，这种做法无疑要高效得多，而且不容易遗漏重要信息。

3.2.3 生成正式文本：让DeepSeek帮你"润色"汇报

一旦大纲确定好，你就可以让DeepSeek直接产出一份较为成熟的文稿。一般情况下，我们希望汇报文档既语言通俗易懂，又能体现专业度。DeepSeek在自然语言生成方面有着很强的能力，它既可以根据内部算法对语言风格进行微调，也能融入一定的"职场化"表达，让你不至于在正式场合里显得过于随意。你只需要在提示词中说明"希望语言风格较正式"或者"适当融入行业术语但不要过多"，DeepSeek便会在行文中做出相应调整。

> 用户：

请你根据这个大纲帮我生成一份详细的工作汇报，适当融入行业术语但不要过多。

>DeepSeek：

以下是基于数据生成的产品 X 月度工作汇报，结合行业术语与简明表达，供参考：

产品 X 2023 年 9 月工作汇报

一、项目背景概述

产品 X 是公司面向智能工具市场的战略级产品，旨在通过技术创新提升用户体验并扩大市场份额。当前项目处于规模化推广初期，核心目标为建立稳定的区域销售网络与完善产品功能生态。本次汇报覆盖 2023 年 9 月运营周期，重点分析销售表现、用户反馈及优化方向，为下一阶段决策提供数据支持。

二、数据概览

在销售数据方面，本月总销售额达到 400 万元，超出预设目标 10%，环比上月增长 8%，显示出市场对产品 X 的持续认可。从区域表现来看，北区以 120 万元销售额贡献整体业绩的 30%，主要得益于企业端大客户集中采购策略的有效实施；西区则因渠道覆盖率不足，销售额仅为 80 万元，存在较大提升空间。用户增长数据显示，本月新增客户 135 家，其中北区新增 45 家中小企业客户，占比达 33%，表明中小企业市场存在较强需求潜力。

用户反馈方面，本月共收集有效反馈 50 条，较上月增长 15%，整体处理完成率为 92%。反馈类型分布呈现多样化特征：功能建议类占比 40%，集中于夜间模式、个性化设置等深度需求；投诉类占比 30%，主要反映 9 月初版本升级后出现的应用崩溃问题，该问题已于当周通过热修复技术解决；好评类占比 30%，用户对界面交互流畅度及功能响应速度给予积极评价。

三、阶段性成果与挑战

......

四、下一阶段计划（2023 年 10 月）

......

结语：9 月运营数据印证了产品 X 的商业化潜力，但需要警惕技术债务与区域发展不均衡带来的长期风险。下一阶段将围绕"体验升级"与"市场深耕"双核心，通过精细化运营推动产品可持续发展。

如需进一步调整表述风格或补充细节，请随时告知。

在生成文本的过程中，如果你对某些部分的表述有疑虑，或者想对数据进行再次强调，可以随时与 DeepSeek 进行"对话"。例如，你可以告诉它：

> 用户：
在"本月的营收情况"部分，能否加上一段与竞争对手同期营收的简要对比，并突出我们在哪些市场表现更好，在哪些方面还有差距?
> DeepSeek：
本月的营收情况（含竞品对比）
根据第三方市场监测数据，2023 年 9 月智能工具领域头部竞品 Y 的同期营收约为 350 万元，我司产品 X 以 400 万元总销售额实现 14% 的领先优势。区域市场表现分化显著：在北区，产品 X 凭借企业端定制化服务能力，销售额较竞品 Y 高出 25%（竞品 Y 北区销售额约 96 万元），体现出大客户资源的深度绑定优势；但在西区，产品 X 销售额（80 万元）落后于竞品 Y 的 105 万元，差距主要源于竞品 Y 在低线城市的渠道下沉效率更高，其代理商网络覆盖率超过 90%。

从增长动能看，产品 X 的新客户增长率（9 月环比 +15%）优于竞品 Y 的 +8%，反映出市场对新功能迭代的认可；然而，竞品 Y 在企业级客户中的续费率（85%）仍高于我司的 78%，表明其在长期服务与客情维护方面存在可借鉴经验。下一步将针对性强化西区渠道合作体系，并优化企业客户的全生命周期管理，以缩小关键领域差距。

DeepSeek 会自动去资料库里搜寻对手的相关数据（如果之前已提供或授予检索权限），并将分析结果融入文稿当中。这种即时交互的过程，就像拥有一位贴身的写作助理，无时无刻不在协助你进行信息补充和思路优化。

当初稿完成后，你可以让 DeepSeek 帮忙检查是否存在错别字、语法问题，以及行文是否过度重复。它会列出可能存在的疏漏或更优的措辞选项，你再手动选择是否接受修改。短短几分钟，原本可能需要一两个小时才能整理出来的汇报文档，就可以定形并进入最终定稿阶段。

3.3 会议记录总结

在各类职场环境中，会议往往是团队协作、信息交流以及决策制定的一个关键环节。然而，许多人在会后经常面临这样的问题：会议内容庞杂难以回顾，整理会议记录耗时费力，尤其在长时间讨论后，很难快速找到真正的"干货"和后续行动项。借助 DeepSeek，我们可以显著减轻这部分工作量，快速高效地生成会议纪要并明确后续任务分工。

3.3.1 关键信息提炼

很多公司会在会议期间安排专门的会议记录员，但仍难免出现记录信息太多却不知重点的情况。DeepSeek 可以充当一个智能的会议梳理助手，帮助我们筛选并提炼每个议题的核心讨论内容和结论。

如果团队已经使用协同文档或云端笔记记录了会议内容，你可以直接将整段文字输入 DeepSeek，并给出明确的提示词，例如"请总结以下会议记录的关键讨论点、主要结论和相关数据"。

如果只有会议的语音文件的话，转写成文本后，往往会出现口头化表达、重复、空话等杂乱信息。让 DeepSeek 进行语义分析后，它会在输出结果中自动聚焦于要点，省去大量的人工整理时间与校对的麻烦。

而为了让 DeepSeek 抓取要点时更加准确，可以在提示词中指定输出格式，比如"以项目符号列出主要结论""列举三个核心议题及其各自的讨论结果"，从而让生成内容更清晰有条理。

接下来的例子中，我们先将会议记录发送给 DeepSeek，然后让其进行总结。

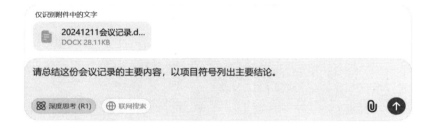

🐋 **我是 DeepSeek，很高兴见到你！**

我可以帮你写代码、读文件、写作各种创意内容，请把你的任务交给我吧~

> 仅识别附件中的文字
>
> 📄 20241211会议记录.d...
> DOCX 28.11KB

请总结这份会议记录的主要内容，以项目符号列出主要结论。

🔲 深度思考 (R1)   🌐 联网搜索   📎 ↑

> 用户：
请总结这份会议记录的主要内容，以项目符号列出主要结论。
>DeepSeek：
A 项目与 B 项目优先推进
A 项目须尽快解决外包团队技术对接迟滞；B 项目在跨区域市场推广中遇到的本地化及渠道谈判难题，双方均需在近期投入更多资源和跨部门支持。

财务与成本管控精细化
第一季度预算执行与实际开支存在差异，部分项目产生额外费用。会议强调应强化需求评估和阶段性预算审查，及时进行差异分析并优化资金使用效率。

市场拓展与渠道建设
新兴市场对产品功能及价格敏感度较高，需要针对本地市场进行差异化的推广和宣传材料定制，同时充分利用现有合作伙伴资源，提升市场渗透率。

跨部门沟通与团队协作

会议决定设置定期项目沟通会，以提升部门之间的配合效率；同时针对技术团队加班过度等问题，规划补充人力与加强内部培训，为后续项目推进提供支持。

下阶段行动方案明确

各项目须在下次会议前完成核心里程碑目标；财务部须加快优化预算流程与差异化分析；市场部须在一个月内制订详细的渠道开拓计划；技术部通过量化指标监控开发质量。

持续改进与信息共享

对于风险与问题采用"发现—评估—解决—复盘"的闭环管理模式，加强信息化平台建设，实时共享项目进度、市场数据、财务状况，避免重复工作与沟通延误。

3.3.2 任务分工同步

会议的真正价值往往在于会后落实各项行动。从讨论到执行，中间的关键一环就是"明确谁来做什么，以及何时完成"。针对这一点，DeepSeek 不仅能帮助提炼会议要点，还能整理形成行动清单。在设计提示词时可以关注下面这两个关键点：

（1）提炼核心行动项

将每个议题中的可执行部分单独罗列出来，如"市场部须在本周内完成市场调研表格""技术团队在下周二前提交新版本开发进度"等。

（2）责任人 + 截止日期

在提示词中，你可以告知 DeepSeek 不同成员的姓名或角色，以及预计完成时间。DeepSeek 便会在生成的纪要或后续清单中自动匹配"责任人—任务—时限"的结构，省去人工一项项标记和记录的烦琐。

> 用户：

请总结这份会议记录中的行动清单，将每个议题中的可执行部分单独罗列出来，并以"责任人—任务—时限"的结构展示给我。

> DeepSeek：

以下为本次会议记录中提及的可执行清单，按照"责任人—任务—时限"格式整理如下：

责任人：王强、孙悦

任务：在 1 周内召集外包团队开展技术培训及需求说明会，确保接口联调工作顺利进行

时限：1 周

责任人：市场部赵磊、刘敏

任务：在 2 周内完成跨地区市场本地化宣传材料的准备与渠道合作洽谈，并提交阶段性成果报告

时限：2 周

责任人：财务部陈静

任务：在下周内提交项目预算差异分析与优化建议，重点关注外包费用及宣传预算

时限：1 周

责任人：人力资源部、技术部（孙悦团队）

任务：对现有员工进行技能摸底与针对性培养，并在 2 周内启动新岗位招聘流程

时限：2 周

责任人：副总经理李莎

> 任务：建立并落实跨部门定期例会制度，每两周召开一次项目对接会议，汇总进度、难点及下阶段任务分工
>
> 时限：持续执行（每2周）

这样一来，会议结束后，团队成员只需查看由 DeepSeek 整理的任务列表，就能快速进入执行状态，也能在后续追踪任务进度时有据可依。

3.3.3 结合会议软件 / 录音文本

为了让 DeepSeek 在会议纪要方面的表现更出色，除了直接输入转写文本，还可以在提示词中添加更多背景信息，从而生成更有针对性、更具参考价值的记录总结。主要有以下这些：

（1）会议主题与目标

明确这次会议要解决什么问题、讨论哪几个核心方向（如"新产品上市宣传方案""财务预算调整"等）。

（2）与会人员及角色

说明每个人在团队中的职能，如"产品经理张三""市场总监李四""技术负责人王五"等。这样 AI 在生成会议记录时就能更好地关联发言内容与相应的职能背景。

（3）关键议题 / 问题清单

如果在会前已经列出了议题或问题清单，把这些信息一并提供给 DeepSeek，能帮助它更准确地匹配每个议题的讨论结果，从而减少信息混乱或遗漏。

例如：

> > 用户：
> 这是我们上午的市场推广会议语音转文字内容，共有 5 名与会人员，主要议题是"年度营销费用分配"和"新品上线时间窗口"。请你：
> 1. 总结主要观点与最终达成的结论；

2. 列出需要跟进的任务清单（含责任人和完成截止日期）；

3. 以简明扼要的方式输出，便于发送给团队做后续跟进。

>DeepSeek：

1. 主要观点与结论

年度营销费用分配

更多预算投向数字化渠道并保留部分用于线下推广及应急需求；

在下一次会议之前由财务和市场部门完成各渠道 ROI（投资回报率）评估，以确定具体分配方案。

新品上线时间窗口

第三季度末完成产品测试与改进，第四季度初正式上线；

上线前两周开始预热活动，进一步提升市场关注度。

2. 须跟进的任务清单（责任人—截止日期）

渠道 ROI 评估：财务负责人 C 和市场部经理 A—两周内提交报告；

新品上市准备与预热方案：产品经理 D 和品牌推广专员 E—第三季度末完成内部测试，第四季度初启动预热；

线下活动及跨界合作策划：运营总监 B——周内提交初步清单和预算。

3. 简明扼要便于发送

请各责任人根据上述时间节点推进相关工作，如遇问题或需要调整，请及时沟通并在下次会议前更新进度。

通过这种方式，AI 能够快速识别并关联关键信息，最终呈现出一份逻辑清晰、行动明确的会议纪要，大大提升团队的沟通效率。

借助 DeepSeek 进行会议记录总结，不仅能为繁杂的会议内容做出精简、准确的概括，还能在会后提供下一步的任务指引和人员分配，从根本上缩短"开完会—出结论—分配任务—执行"的时间链。对于注重效率和管理成果的组织来说，这是一种在"信息过载"的时代里，确保团队执行力与沟通质量的高效处理方式。

3.4 设计项目方案

无论是新产品上线、市场活动策划，还是企业内部流程优化，都离不开项目方案的制订。一个优质的项目方案需要兼顾需求分析、执行计划、风险管理以及资源配置等多方面要素，而借助 DeepSeek，我们可以在短时间内快速地完成"需求拆解—执行路径生成—方案细化"的全过程，不仅减少沟通和思考成本，还能让方案更具条理性和可行性。

3.4.1 需求拆解

在撰写项目方案之前，我们需要先明确目标和需求。一般的做法是收集不同利益相关方的意见，手动整理成需求文档，再进行层层细分。现在，你可以将收集到的原始需求（如客户访谈记录、市场调研数据、团队头脑风暴结果等）输入 DeepSeek，给它一个类似的提示词：

> 用户：
> 我有一组关于新产品需求的访谈记录，请你帮我整理出核心需求点，并给出项目执行的主要方向。
>
> DeepSeek：
> 以下是根据访谈内容提炼的核心需求点与项目执行主要方向：
>
> 【核心需求点】
> 1. 项目与任务管理
> 提供灵活的任务创建、分配与进度跟踪功能；
> 支持多端（PC 个人电脑、移动端）实时同步，满足随时随地查看与操作的需求；
> 需要自动化的通知与提醒机制，防止遗漏关键节点。
> 2. 可视化与数据整合
> 多维度报表与数据可视化（如甘特图、统计报表、趋势分析等）便于决策者快速洞察项目进展；
> 深度数据整合能力，可与企业内外部系统或文档进行无缝对接。

3. 跨组织协同与权限管理

既要满足企业内部各部门的细粒度权限管控，也要支持外部合作伙伴安全、高效地获取所需信息；

支持不同角色、不同层级的灵活授权机制，保证信息安全与使用便捷之间的平衡。

4. 安全、稳定、可扩展

高度重视数据安全与系统稳定性，避免宕机或信息泄露；

系统架构要具备可扩展性，以便后续用户规模扩大或功能升级。

5. 智能化与个性化

通过大数据分析或算法，提供项目风险预警、资源调度优化等增值功能；

支持界面、流程和业务逻辑的灵活配置，以适配不同企业的个性化需求。

【项目执行主要方向】

1. 分阶段试点与迭代

首先在企业内部的部门间试点，验证功能可行性与易用性；

邀请核心外部合作伙伴进行小范围试用，持续收集并快速响应用户反馈；

在功能较成熟后再进行大范围推广，形成对外商业化方案。

2. 聚焦核心功能，明确定义优先级

确立最基础的项目／任务管理、数据可视化和权限体系为第一优先级，保证产品主线功能的稳定落地；

同步规划智能化、个性化需求作为差异化亮点，避免功能膨胀造成的开发和维护风险。

3. 强化技术与安全架构

采用可扩展且安全合规的技术方案，确保系统性能和数据保护；

在权限设计和安全审计上投入更多精力，建立完善的访问控制和合规流程。

4. 打造可持续的生态与服务模式

通过与企业内外部系统的深入对接，形成一体化的协同生态；

以运营、培训和技术支持为辅助，提升用户黏性与市场竞争力。

通过以上方向和措施，项目将能够高效且稳步地满足核心用户需求，并在竞争激烈的协同管理工具市场中形成自身的差异化优势。

DeepSeek 会自动提炼需求的优先级，并结合已知信息初步勾勒出执行策略框架。你也可以在多轮对话中不断补充或修正需求，最终确定一份符合目标、聚焦核心痛点的需求清单。

如果我们希望 DeepSeek 在需求拆解的同时就给出一定的优先级参考，也可让 DeepSeek 根据市场价值、技术难度、时间成本等维度进行分析，并在方案框架里注释原因。例如：

> 用户：

需求清单中，请按高、中、低优先级进行划分，并对每个需求的可行性和重要性做简单评价。

>DeepSeek：

以下是根据前期访谈内容，将核心需求点进一步拆分成若干具体需求，并按照高、中、低三个优先级进行划分。每个需求后附带简单的可行性和重要性说明，供项目团队在需求评估和执行时参考。

【高优先级】

1. 基础的项目与任务管理功能

需求描述：支持创建、分配、跟踪项目及任务，提供多级任务结构或看板式管理方式。

可行性：高。已有较成熟的技术方案和产品形态可参考，开发难度相对可控。

重要性：高。是满足大多数用户协同需求的核心功能，也是产品价值的主要体现。

2. 多端实时同步（PC 端 + web 端 + 移动端）

需求描述：保证项目进度、任务状态、文档更新等在 Web 端与移动端同步，且有良好的离线缓存。

可行性：中—高。前端和后台都须搭建相应机制，移动端界面须优化。

重要性：高。适配多场景工作模式，提升协作效率，拓展用户使用范围。

……

【中优先级】

6. 多源数据整合与外部系统对接

需求描述：与企业现有系统（如 ERP、CRM 等）或外部合作方的业务系统对接，统一调取并展示相关数据。

可行性：中。需要根据外部接口标准或通过中间件进行对接，对系统兼容性和接口维护有一定要求。

重要性：中—高。可进一步提升产品的综合价值，但对项目启动阶段来说，先搭好基础再逐步扩展更稳妥。

7. 外部合作伙伴接入管理

需求描述：为外部用户（客户、供应商、合作方）设置专属入口，简化访问流程，同时严格区隔内部数据权限。

可行性：中。需要在用户体系和权限模型上做区分，开发量适中。

重要性：中—高。扩大使用范围并提升对外合作效率，先稳定内部功能，再行开放更佳。

……

【低优先级】

11. 高级数据分析与风险预警

需求描述：运用算法或大数据模型，对项目进度、资源调度、风险因素做预测和提醒；生成深度分析报告。

可行性：中—低。需要数据积累和较复杂的算法实现；对基础数据要求高。

重要性：中。可作为产品亮点，但并非初期核心需求，后期可迭代升级。

……

【简要说明】

高优先级：直接影响产品的核心价值和使用体验，建议在项目初期重点开发并确保质量。

中优先级：能增强用户价值和平台竞争力，可以在核心功能稳定后逐步实施或试点。

低优先级：较为进阶或创新型需求，前期并非刚需，适合在产品成熟或用户规模扩大后进行迭代。

通过上述优先级划分，团队可以更有效地管理资源和开发进度，先集中精力满足最关键、最基础的协同需求，再根据市场反响和内部反馈，逐步拓展中优先级与低优先级功能。这样既能快速建立产品的核心竞争力，也能确保后续可持续迭代。

这能大大降低我们后续面对一堆需求时的取舍压力，也为制订方案提供更科学的依据。

3.4.2 设计新产品上市方案

询问 DeepSeek 都需要做哪些事情。

> 用户：

我需要为一款新产品设计上市方案，请问都包括哪些内容？

> DeepSeek：

通常，此类方案需要包括以下关键内容：

1. 市场背景与目标

当前市场趋势与行业动态

产品定位与差异化卖点

2. 竞品分析

主要竞品与各自优势劣势

市场份额、定价策略与渠道布局

3. 推广策略与执行路线

> 线上推广：社交媒体、搜索引擎投放、KOL（关键意见领袖）合作
>
> 线下推广：地推活动、体验店、展会参展等
>
> 时间表：预热期→上市期→稳定推广期
>
> 4. 资源预算与团队分工
>
> 预算构成：广告费、线下活动费、技术开发成本等
>
> 人员组织：产品经理、营销专员、设计师、客服团队等
>
> 5. 风险控制
>
> 供应链与库存风险
>
> 媒体公关与舆情预案
>
> 产品质量与客户满意度管理

当你把这些要素交给 DeepSeek，并在 Prompt 里明确要求它给出一份包含"分析部分 + 可执行动作 + 时间节点 + 风险应对"的完整方案时，它就会综合你提供的背景数据和需求导向，输出一份条理清晰的新产品上市方案。如果细节还不够丰满，可以通过多轮对话补充更多资料，例如市场调查结果或历史销售数据，它就会根据新信息进一步丰富方案内容。

"需求拆解—执行路径生成—方案细化"的流程能为你节省大量的手动整理、思考和编写时间，还能在分析阶段为你提供多角度的思路。尤其在复杂项目或需要跨部门协作时，它的快速成稿与动态迭代能力，能够让团队在更短时间内对方案达成共识，进而迅速进入实际执行阶段。

3.5 撰写商业计划书

无论是初创企业还是成熟公司，在拓展新项目或寻求融资时，一份专业、完善的商业计划书都是不可或缺的。有了好的商业计划书，你就能在投资人或合作伙伴面前，把项目的核心理念、市场机会、团队实力和财务规划展现得条理分明、令人信服。然而，撰写一份出色的商业计划书并不容易，尤其是当你需要在短时间内整合行业数据、财务模型、竞争分析等大量信息时。DeepSeek 在此就能发挥其整合与生成文本的优势，帮助我们快速搭建并完善商业计划书

的骨架与内容。

下面就让我们循着实操流程，看看如何用 DeepSeek 写出一份既"漂亮"又"扎实"的商业计划书。

3.5.1 梳理、收集项目基础信息

在开始之前，先询问 DeepSeek 需要哪些项目资料。

> 用户：
我需要撰写一份商业计划书，请问需要准备哪些材料？
> DeepSeek：
市场数据：行业分析报告、第三方调研数据、公开新闻中提到的竞争对手动向。
财务预测：包括成本结构、营收模型、利润点、融资需求、未来三年的现金流预估。
产品 / 服务概念：核心功能、技术原理、创新点说明，以及目标用户画像、痛点需求等。
团队信息：包括核心成员的背景、过往履历、分工与职责。
已有的商业模式草稿：如果你有哪怕一页或几句描述，也可以辅助理解你的项目思路。

将这些材料收集齐全，全部发送给 DeepSeek，然后告诉它你的商业计划书具体有哪些要求即可。

> 用户：
我想写一份面向早期投资人的商业计划书，主要介绍新型环保材料在建筑行业的应用前景。以下是我现有的市场研究和团队资料，请你协助生成适合演示给投资机构的内容。

如果材料过多，有时 DeepSeek 会"看不过来"，那么就需要将整份商业计划书的创作分解成更加细致的步骤，再逐步想办法。

3.5.2 让 DeepSeek 整理并形成明确的章节结构

先让 DeepSeek 把商业计划书的结构列出来。

> 用户：
请告诉我这份商业计划书的整体结构应该是什么样的。

>DeepSeek：
在大多数情形下，商业计划书常见的模板有以下几个核心部分：

执行概要：简要呈现整个计划书的精髓，包括项目背景、目标市场、盈利模式、团队、融资需求等。

市场分析：展示行业规模、目标受众定位、竞争格局、市场痛点。

产品／服务概述：说明项目主打的产品或服务的技术原理、差异化优势。

商业模式和盈利逻辑：阐述具体的收入来源与成本结构，如何实现正向现金流并具备盈利能力。

营销与推广策略：介绍市场渠道、定价、品牌塑造、客户获取方式等。

财务预测：包括 3~5 年的收入、支出、利润预测，以及融资阶段规划。

团队介绍：展示核心成员的背景、经历、过往成绩，以及在项目中的角色分配。

风险与应对策略：解析关键风险点，并提出相应的防范方案。

里程碑计划：在具体时间节点上，需要完成哪些任务，以达成既定目标。

有了框架之后，继续让 DeepSeek 将其扩展成更加详细的创作大纲，并在其中标注出哪一部分需要哪些材料。如果有些材料难以取得的话，也可以直接告诉 DeepSeek 你的手上有哪些材料，然后让它帮忙做取舍，只针对有材料的部分进行创作。

> 用户：
请根据这个结构给出具体的创作大纲，并附上每一部分都需要哪些材料。

>DeepSeek：
以下是一个针对"商业计划书"的具体创作大纲示例，按照您提供

的结构进行展开，并对每一部分需要的主要材料做了简要说明。可根据实际项目情况进行进一步调整与扩充。

1. 执行概要（Executive Summary）

主要内容：

项目背景简述：为什么要做这个项目？市场或行业现状如何？

目标市场：项目所瞄准的核心人群或细分领域。

盈利模式：项目未来如何挣钱，核心业务模式是什么？

团队与核心优势：项目发起人或核心成员的专业背景、资源或经验优势。

融资需求与用途：需要多少资金，用于研发、市场推广还是团队扩张等。

所需材料：

项目的创立初衷、机会来源（市场调研报告简要数据、行业新闻或事件）。

目标市场的关键数字或简要描述（如人口规模、行业规模）。

初步的产品／服务定位和收入来源说明文档。

创始人及核心团队的简历或背景介绍。

需要多少资金、使用计划（财务测算初稿或资金规划表）。

2. 市场分析（Market Analysis）

……

总结：

该创作大纲可帮助您在撰写商业计划书时保持逻辑清晰、重点突出。材料收集的深度和细节将影响计划书的说服力和可执行度，因此需要结合项目所处阶段、目标投资人关切点及行业特点，灵活地丰富或删减各部分内容。原则上，执行概要、市场分析、商业模式和里程碑这几项最能体现项目价值与潜力，需更加翔实准确。财务预测和风险应对策略则要配合切实可行的数据和方案，以获得更多的投资和市场信任。

3.5.3 根据特定领域语言进行术语把关与风格润色

当大纲构建完成后，DeepSeek 就可以根据不同的资料逐节生成文本。你可以先让它提供一份初稿，然后就每一节的重点提出具体要求。例如：

> 在市场分析部分，请对过去五年建筑行业所使用的环保材料规模进行量化，并结合最新政策信息做一个趋势预测。

DeepSeek 便会从你提供的报告或外部数据源里，自动提炼出合适的数据，并用更连贯的语言逻辑来展现。如果你有专业领域的术语需要突出，可以告诉它：

> 请在文稿中明确使用"绿色建筑评估标准"和"可循环施工材料"等关键词，并解释给非专业读者。

如此一来，DeepSeek 会自动在行文时进行术语注释，或者简单科普，让阅读者不会被专业词汇挡在门外。

3.5.4 灵活调整与多次迭代

一份商业计划书很少能"一稿定终身"，大多数情况下都需要在投资人会谈、内部评审后进行反复的修改。DeepSeek 的优势就在于：它能记住你先前的文档架构与数据，在后期更新时只需要告诉它"市场规模由 5000 万元变成 8000 万元，成本模型也相应调整"，它便能自动关联并替换到所有相关段落与预测数据里。配合 PPT 展示或其他可视化工具，你就能在短时间内得到一个与新数据保持一致的版本。

商业计划书是项目与市场、团队与资本之间的"沟通桥梁"。它必须兼具信息完整、逻辑清晰和可读性强等特征，而这往往需要作者具备对行业的深刻理解与良好的文字组织能力。借助 DeepSeek 的强大整合与生成能力，我们就能在信息收集、纲要搭建、文本润色和数据更新方面大幅减轻工作量，腾出更多精力去优化商业模式、打磨产品或进行必要的团队管理。

当然，任何 AI 工具都无法替代你对市场的独到洞察和对商业逻辑的深刻思考——DeepSeek 最多能做"智能助手"，最终决定项目成败的依旧是你的战略眼光与执行力。在这个竞争激烈的时代，让 AI 成为你撰写商业计划书的好帮手，可以帮助你快速拿出第一版本或多轮迭代版本，占得与投资人、合伙人或客户沟通的先机。只要合理使用、不断检验与修正，你就能让商业计划书从"普通模板"进化为"打动人心的创新方案"。当你的项目在发展过程中逐步验证了这些计划，商业计划书也会在 AI 的加持下越写越"漂亮"，你在事业之路上也将走得更远。

第 4 章　营销策划与内容设计

4.1 活动策划方案

一个理想的活动策划方案不仅需要抓住用户痛点、明确活动主题和目标人群，还要在预算、流程和风险控制等方面尽可能精细化。借助 DeepSeek，我们可以在短时间内梳理出一个完整且具有可执行性的方案，让活动从创意到落地都更加高效和有条理。

4.1.1 预算分配

预算是活动策划的"生命线"，如何合理使用推广经费直接影响活动规模、推广效果和资源投入。活动预算往往需要反复核算、协调各部门反馈，还要兼顾多种营销渠道的投入产出比。DeepSeek 可以从 3 个方面来帮助我们进行预算分配。

（1）建立基础预算模型

让 DeepSeek 根据活动目标与预期覆盖人群，智能测算主要支出项，如场地租赁费、宣传推广费、人员配备及物料成本等，并结合历史数据或行业平均水平给出大致区间。

（2）分配优先级

不同环节的投入回报率并不相同。DeepSeek 能帮助将活动预算依照重要性和预期收益进行排序，并建议在哪些关键环节应当加大投入（如针对核心城市或精准客户群的投放），哪些环节可以适当节省（如可选择性增添的增值服务等）。

（3）多场景模拟

如果你想对不同方案的资金需求做对比，可以让 DeepSeek 生成 A/B 两个或多个预算方案，观察在投放渠道、宣传深度、活动规模等变化时，对总预算和产出可能带来的影响。

> 用户：

我正在筹划一场线下的新型号手机营销活动，具体的资料已经发送给你了。现在请你从建立基础预算模型、分配优先级两个方面，帮我进行预算分配。给出两套方案。

> DeepSeek：

下面给出两套预算分配方案示例，旨在帮助你从"建立基础预算模型"和"分配优先级"两方面着手，结合多场景模拟来对比不同投入模式下的效果。以下数字仅为估算示例，实际支出需要根据具体城市、场地、宣传渠道与市场环境进行灵活调整。

一、建立基础预算模型

在此基础模型中，将线下手机营销活动的核心支出大致分为 4 类：

1. 场地及现场布置费用

2. 宣传推广费用

3. 人员与执行费用

4. 物料及其他费用

假设活动的主要目标是：

吸引目标城市 / 区域核心消费人群参与活动；

提升新型号手机品牌曝光度并收集销售线索；

现场带动产品体验与初步销售。

1. 场地及现场布置费用

场地租金：根据城市级别和地理位置不同，价格差异很大。以一二线城市的知名商圈 / 大型购物中心为例，场地租金（1 ~ 2 天）可能为 3 万 ~ 8 万元。

现场搭建及布置：背板、展台、音响、灯光和互动设备等，预算为 2 万 ~ 5 万元。

场地杂费：包括水电及雇用保洁、安全员或保安等，预算为 5000 ~ 1 万元。

合计：5.5 万 ~ 14 万元（可根据规模上下浮动）

2. 宣传推广费用

……

3. 人员与执行费用

……

4. 物料及其他费用

……

基础预算总计区间

将以上 4 项汇总，线下营销活动 1 ~ 2 天的总预算大致范围在 19 万 ~ 51 万元。

当然，如果对活动规模、投放渠道、嘉宾规格（明星 / 代言人）有更高需求，预算可能再往上浮动。

二、分配优先级

利用 DeepSeek 对各模块的"投入回报率"进行评估，可以进一步分配优先级：

……

三、多场景模拟：两套预算方案示例

在此基础上，给出两种典型方案（A/B），分别代表不同投入侧重和活动规模。

……

总结：

在建立基础预算模型的前提下，可以先根据活动目标、城市位置和潜在客流对预算进行初步框架分配，再用 DeepSeek 等工具对不同环节的投入回报率进行分析，合理分配优先级。

如需大范围曝光和强烈品牌效应，则可考虑方案 B，但需投入更多预算和执行资源。若希望通过精准投放，控制成本的同时保证核心人群触达，则建议采取方案 A 或在其基础上适度优化。

通过多场景模拟及历史数据参考，能更好地评估不同规模投入对成果的影响，从而做出更符合市场定位与品牌策略的决策。

希望以上信息能为你的线下新型号手机营销活动的预算规划提供有价值的参考。祝活动圆满成功！

4.1.2 流程设计

除了预算，完整设计出活动流程也是一大挑战。我们需要将活动前期预热、正式开展到后续追踪反馈等一系列环节都安排妥当，每个阶段都有不同部门参与，且任务存在先后依赖关系。

（1）明确活动阶段

前期预热：如宣传内容产出、海报文案设计、新闻稿预发布等。

正式执行：如活动当天或活动周期的所有流程，包括嘉宾邀请、现场布置、互动环节、媒体采访等。

后期复盘：如收集客户反馈、对活动效果进行数据分析、总结经验与不足。

（2）甘特图生成

通过在提示词中向 DeepSeek 提供核心里程碑日期、活动环节信息以及相关负责人，它可直接输出一份初步的甘特图思路或时间线表格，涵盖各阶段的开始 / 结束时间、主要任务负责人以及任务依赖关系。

（3）活动日程安排

在活动当天或主要执行阶段，往往会包含多个时段、多位嘉宾、多种互动形式。你可以让 DeepSeek 协助整理包含"时间节点、流程名称、所需资源、执行负责人"的活动安排表，使得所有参与者一目了然，减少时间冲突和资源浪费。

> 用户：
请你完整设计出这场营销活动的流程。
> DeepSeek：
以下是一份较为完整的线下营销活动流程设计，涵盖前期预热、正

式执行和后期复盘三个主要阶段，帮助你在策划、组织和落地新型号手机线下活动时进行全流程规划。

一、前期预热阶段

1. 活动目标与定位

明确活动目标：是希望提高产品曝光度，还是注重收集精准销售线索，或增强品牌形象等？

确定活动主题与定位：根据新品手机特色（高端影像、游戏性能等），设计具有差异化、吸睛力的活动主题。

2. 时间与场地预订

……

3. 活动方案与流程框架

……

4. 宣传内容产出

……

5. 广告及社交媒体投放

……

6. 前期准备与调试

……

二、正式执行阶段

此环节是活动核心阶段，建议把活动当天或活动周期按照"场地布置—嘉宾流程—互动展示—媒体采访—收尾总结"的顺序进行统筹安排。

1. 活动前一天 / 当日早晨的场地布置

……

2. 活动开场 / 嘉宾签到与致辞

……

3. 产品演示与互动环节

……

4. 媒体采访与社交媒体直播

……

5. 活动结尾与合影

……

三、后期复盘阶段

……

总结：

通过前期充分的预热与宣传、活动当天或周期内的细致流程管理，以及后期的数据收集与复盘分析，你可以获得更高效的活动投入产出效果。关键在于把活动目标与预算分配紧密结合，利用精准人群触达和优质互动体验来提升新型号手机的知名度与销售转化。祝本次线下营销活动取得圆满成功！

像这种比较复杂的任务，不要一股脑儿地把任务需求全部输入，这样会影响 DeepSeek 的回答质量。分步骤、分阶段的询问才是更好的解决办法。

4.1.3 风险预判

在活动策划中，我们还需要对可能出现的意外情况给出应对方案，风险管控决定了活动能否顺利开展。无论是线下大型活动还是线上直播活动，都有潜在的突发情况。

（1）常见突发事件类型

场地问题：场地临时变动、设备故障、交通管制等。

嘉宾变动：嘉宾迟到、缺席或临时无法参加。

宣传效果不及预期：包括线上推广流量不足、媒体曝光度不够等。

紧急公关事件：负面舆情、现场冲突、恶劣天气等。

（2）事前预案与损失控制

根据所处行业、活动地点和目标受众的不同，DeepSeek 可以帮助你提前识别关键风险点并给出应对策略。例如，准备备用场地、第二批嘉宾清单；或在合同里事先写明合作方临时变动的赔偿条款，从而降低不可控因素带来的损失。

（3）实时监测与应变

在活动进行时，如果你有专门的风险监测或舆情监控系统，也可以将此数据与 DeepSeek 结合，一旦发现情况异常，它能迅速帮你分析原因并给出初步的应对方案建议，让活动团队及时调整策略和动作。

同样地，让 DeepSeek 给出针对这些特殊情况的预案可以在很大程度上增强活动的抗风险能力，既节约钱，也节约时间。

> 用户：
请你针对以下的活动风险，给出详细的防范预案：
……

>DeepSeek：
以下是一份针对常见活动风险的详细防范预案，从事前准备、现场应对到后续处理三个维度，为你提供全流程、系统性的解决方案。请根据自身活动的规模、地点、合作方及预算情况进行相应的调整和细化。
……

当然，DeepSeek 所给出的方案不一定尽善尽美，但是这对我们来说是一份参考，可以针对其中不合理的条目进行更换。

活动策划是一项系统性工程，需要同时兼顾创意、执行和管理。借助 DeepSeek 的多轮对话能力与专业知识库，我们可以轻松完成从预算制定到流程排期、从风险预估到应急方案的全流程策划与统筹。最终的目标，是让整个活动不仅能够如期举行，更要在质量和效果上有显著提升，真正为企业、品牌带来回报与价值。

4.2 品牌传播策略

在竞争激烈的市场环境下，"品牌传播策略"是一场连接产品特性、目标用户和多元渠道的立体化布局。通过 DeepSeek 的分析与创意能力，我们能够快速进行用户画像分析、规划全方位的传播路径，并生成具有鲜明个性的品牌内容。

4.2.1 用户画像分析

品牌传播最关键的一步在于了解自己的受众是谁。传统的方法往往需要依赖问卷调查、销售数据或第三方分析报告，耗费大量时间。利用 DeepSeek，我们可以在更短时间内汇总和洞察用户数据，并描绘出较为完整的用户画像。

（1）产品特性与痛点提炼

先明确产品的核心功能、卖点及潜在竞争优势。再将这些信息提供给 DeepSeek，要求它进行特性与受众需求的匹配分析，比如："消费者选择本产品的核心驱动力是什么？""目标人群在生活或工作上存在哪些痛点？"

（2）标签化人群划分

让 DeepSeek 基于已有的用户数据或市场调研资料，对目标人群进行标签化分类。标签可包括年龄段、地理位置、职业、兴趣爱好、消费能力等。通过 AI 对数据的语义理解与推理，能够更精准地找到那些真正需要或喜欢产品的人。

（3）场景需求洞察

通过对典型用户场景的模拟，DeepSeek 能帮你找出用户在什么时间、以何种方式对产品产生需求。例如，一款健康饮料的目标消费者可能是"中青年办公室人群，关注健康，同时注重口感与品牌调性"。这类洞察能为后续传播策略指明方向。

> 用户：
> 请针对功能型运动饮料的受众市场做详细的用户画像分析。

> DeepSeek：
> 下面是一份针对"功能型运动饮料"所做的详细用户画像分析示例，包含产品特性提炼、用户标签划分以及典型使用场景挖掘。该分析可帮助你从多个维度理解目标人群的需求、使用动机及消费行为，从而为产品定位、营销策略和品牌推广提供决策参考。
>
> 一、产品特性与核心价值
>
> 1. 核心功能
>
> 快速补充能量：富含电解质、维生素、牛磺酸或咖啡因等成分，用于在运动或疲劳状态下提升体能。
>
> 补充水分与营养：在流汗或高强度活动后帮助身体恢复，维持正常的新陈代谢与肌肉功能。

2. 潜在卖点与竞争优势

低糖 / 无糖配方：满足现代消费者对于健康与体重管理的需求。

口感 / 口味差异化：独特的风味或限定口味，满足用户好奇心和对新鲜感的追求。

品牌调性：与时尚、运动潮流或年轻文化相关联，塑造"积极、活力、专业"的产品形象。

包装设计：时尚、便携或环保材质包装，增强用户好感度。

......

二、标签化人群划分

通过对用户的年龄、职业、兴趣爱好以及消费行为等因素进行多维度拆解，可将目标人群进行以下标签化分类。

1. 按年龄段

Z 世代（18 ~ 24 岁）

特点：在校大学生或刚刚走入职场者，好奇心强，喜欢尝试新鲜事物与网红产品。

消费动机：产品外观与口味要"有趣""时尚"，对价格相对敏感但仍愿意为新颖度或品牌价值买单。

典型场景：通宵 K 歌 / 电竞、宿舍学习 / 考试复习、社交聚会等。

......

2. 按职业 / 生活方式

......

3. 按兴趣与消费行为

......

4. 按地域 / 城市属性

......

三、典型使用场景与需求动机

......

四、用户触点与营销策略建议

......

五、持续优化与总结

……

4.2.2 跨平台传播路径规划

清晰的用户画像有助于我们选择合适的传播渠道，但如何打通线上线下，实现立体覆盖仍是难点所在。DeepSeek 在整合社交媒体趋势、行业平台信息和线下活动模式后，可以帮助我们制定一条更加精准、融合度更高的传播路径。

> 用户：

在传播渠道的选择上，你有什么建议？你能帮我做什么？

> DeepSeek：

1. 线上社交媒体布局

主要平台选择：根据用户画像，我能推断目标人群更活跃于哪些社交平台（如微信公众号、小红书、抖音、微博等），并建议相应的投放形式（短视频、图文、直播互动等）。

KOL/ 达人合作：我可以基于品牌调性和目标人群喜好，推荐更贴合产品价值观的 KOL 进行合作，兼顾口碑与转化率。

广告投放策略：制订不同投放周期的广告计划，预测点击率与转化率；或根据平台算法特色规划更优的投放时段与频次。

2. 线下传播与活动

场地与活动形式：大型商超、社区活动中心、展会或商旅场景等，根据目标人群聚集地来选择更恰当的活动形式。

多点互动：设置产品体验点、试饮体验、现场咨询、抽奖互动等，增加与消费者的直面交流，提高消费者对品牌的认知与好感度。

3. 线上线下协同

多渠道传播并不是简单的平行覆盖，还需要实现联动。例如，线下活动现场鼓励用户分享到社交平台，或者在线上平台发线下活动兑换券，让线上热度与线下参与度相辅相成，形成更大范围的品牌曝光。

4.2.3 内容创意产出

在品牌传播中，内容的主要作用是与用户建立情感联结。一个简单易记又能体现品牌定位的 Slogan（标语），或者一幅"戳中"用户痛点的创意海报，都能在短时间内为品牌带来爆发式的关注度。

（1）DeepSeek 生成品牌 Slogan

你可以要求 DeepSeek 根据品牌理念、产品特色和目标人群，列出多种风格迥异的 Slogan 选项。根据不同的使用场合（线下海报、线上主视觉、广告口号），DeepSeek 还能微调语气与字数，使其更符合传播场景。

> 用户：
帮我给这款功能饮料设计一下 slogan，给出 10 个备选。
> DeepSeek：
以下是针对一款功能型运动饮料的 10 条 Slogan 备选示例，风格倾向于简洁有力，突出产品的"能量、健康、年轻化"定位。你可根据品牌个性与营销场景，选择或修改其中的文案。

"燃力加持，突破每一刻"

"能量爆发，就等你喝一口"

"补能瞬发，让你始终领跑"

"刷新体能边界，随时燃动未来"

"为热爱加速，让激情不止"

"不只口感，更是实力随行"

"强劲动力，助力下一个冲刺"

"每日充电，时刻在线"

"热血唤醒，极限再现"

"喝下这瓶势能，直面更强挑战"

（2）系列文案与话题设计

品牌需要"不断地说话"，才能保持受众的黏性与品牌持续互动。让 DeepSeek 从用户需求与行业热点出发，为你策划一系列关联性主题，让用户在社交媒体上持续参与讨论。此外，还可以产生一些讨论度高的"互动话题"，如"用一个词形容你最想要的生活状态"，与品牌理念巧妙结合。

> 用户：

帮我设计一些贴合功能型运动饮料品牌的系列话题，以维持受众的参与和互动。

>DeepSeek：

1. # 能量不打烊 #

核心思路：聚焦"熬夜""高强度工作""深夜学习"等场景，展示产品提供的持续能量输出。

话题示例：

"工作狂或夜猫子？分享你在深夜续航的好方法"

"# 能量不打烊，一瓶助你跨越深夜难关"

互动方式：邀请用户晒出自己的"深夜奋斗"照片或故事，并搭配饮料进行打卡。

......

10. # 能量合伙人招募 #

核心思路：以用户共创或品牌大使形式提升用户黏性，吸引用户深度参与品牌推广。

话题示例：

"寻找热爱运动、热爱生活的你，成为我们的能量合伙人，一起让热血滚烫继续发光"

"你愿意为哪种运动或活动代言？晒出你的故事，让更多人燃起来！"

互动方式：设置多重招募机制（线上报名＋线下互动），选出"能量合伙人"担任活动体验官，记录并分享他们的真实使用体验。

通过以上 10 组话题，你可以持续产出与饮料功能、场景需求、用户兴趣紧密相关的内容，保持品牌的"不断发声"。每个话题都能与具体的线上／线下营销活动结合，强化社交媒体互动与用户 UGC（用户生成内容）。在执行过程中，建议与相关 KOL 或垂直社区合作，通过趣味挑战、线上投票或打卡奖励等方式，引导用户积极参与、分享和讨论，让品牌始终保持"在场感"和黏性。

（3）引流与转化

有了好的文案与传播主题之后，还需要设置相关的"转化路径"——从读者在社交平台看到文案，到点击跳转品牌官网或电商链接，再到最终购买行为。DeepSeek 可根据平台特性，提出多种引流策略（比如优惠券、限时折扣、会员积分等），同时运用"饥饿营销"或"社群裂变"等常见营销手段，提升用户转化率。

> 用户：

在传播渠道的选择上，你有什么建议？你能帮我做什么？

>DeepSeek：

1. 确立多元化触点与引流策略

（1）社交媒体种草

平台选择：抖音、快手、微博、小红书、B 站等年轻用户聚集的平台。

内容形式：短视频种草、图文测评、直播探店、KOL 运动场景演示等。

引流手段：

在内容末端加入"点击链接领取 × 元优惠券"或"前往官网了解更多"按钮。

直播中限时开通"优惠秒杀"链接，强调"限量""限时"两大要素。

（2）私域社群经营

……

（3）线下活动互联

……

2. 构建多阶段转化漏斗

一个典型的用户转化路径由"认知—兴趣—行动"三个关键阶段组成，你需要在每个阶段设置相应的触点与激励。

阶段1：认知

KOL推荐

选择在运动、健康、潮流领域具备号召力的KOL，进行"实测体验"。

明确产品卖点：低糖、高营养、迅速补能等，并在视频／图文中反复强化。

话题营销

如"＃直面极限挑战""＃燃力早C打卡"等话题活动，把产品融入用户高频使用场景。

品牌形象展示

通过官网、官方社交账号的视觉统一，突出"运动、健康、年轻化"的调性。

阶段2：兴趣

……

阶段3：行动

……

3. 强化复购与会员留存

……

4. 典型场景化引流与转化路径举例

下面以"运动场景"为例，描述一个从引流到下单的完整用户转化流程：

……

6. 数据追踪与持续优化

……

借助DeepSeek的多角度分析与创意生成能力，我们在制定品牌传播策略时能更快地形成"洞察—定位—布局—执行"的闭环：

用户画像分析：挖掘潜在市场与核心需求。

跨平台传播路径规划：融合线上线下渠道，打造有机互动体系。

内容创意产出：以有效的品牌Slogan、文案与话题吸引目标人群并最终促成转化。

无论是初创品牌想要在市场"敲开大门",还是成熟品牌寻求口碑升级与差异化定位,都可以通过 DeepSeek 获得一份更加科学、灵活、多元的品牌传播方案。关键在于反复迭代提示词并结合实际数据,让"AI 智慧"与"市场现实"完美衔接,打造既有创意又能落地的传播策略。

4.3 广告文案优化

在营销推广中,一条高质量的广告文案往往能助力产品成功"破圈"。如何用简单有力的文字直抵用户需求,同时兼顾产品价值与品牌调性,是每个营销人都需要深入思考的课题。借助 DeepSeek 的文本理解与生成能力,我们可以在产品卖点挖掘、转化话术升级以及 A/B 测试等环节显著提高工作效率与产出质量。

4.3.1 产品卖点挖掘

文案的核心在于引起消费者的购买欲,想要做到这一点,就需要充分了解并提炼出产品的独特价值。这里的"价值"既可以是功能性能,也可以是品牌理念、情感共鸣。

> 用户:

如何确定一件产品的卖点呢?你能怎样帮助我?

>DeepSeek:

1. 收集产品信息

整理已有的产品资料,包括技术参数、用户评价、竞品比较和品牌理念等。将上述资料作为输入文本传送给我,让我先"了解"产品整体概况。

2. 抽取价值点

要我从多维度分析产品优点,如成本优势、功能特色、用户体验提升等。针对不同目标人群(如年轻消费者、高端商务人群、专业客户)自动筛选与其需求最匹配的价值点。

3. 痛点—价值点匹配

让我帮你进行"问题—解决方案"的归纳：用户的常见痛点或疑虑分别对应哪些产品特性。这样就能在文案中更精准地表达"我们能为你解决什么问题，你将因此得到什么好处"。

4.3.2 转化话术升级

即便我们已经找到产品的核心卖点，如果文案不够"对味"，依然难以打动用户。文案不但要传递信息，更要触发用户行动的动机。这一部分有 3 个注意事项：

（1）明确文案场景

是在社交媒体上进行动态发布，还是需要在电商平台进行产品详情页文案撰写，或者是一段电视广告的旁白？每种场景对文案的语言风格、长度、重点呈现都不相同。

（2）调整人设与语言风格

让 DeepSeek 扮演"资深市场人""文艺青年""专业评测博主"等不同角色，从而产出与目标用户更匹配的行文风格。针对年轻用户可能要更俏皮、社交化表达；针对商务群体则要更稳健、突出效率与 ROI 等量化指标。

（3）强势行动号召

大多数广告文案都会在结尾设置行动号召（CTA），如"立即点击链接购买""登录官网注册获取免费试用"等。让 DeepSeek 在生成文案时，将 CTA 部分以更具诱惑力或紧迫感的语气呈现，如"限时优惠""早鸟特价"等，引导用户快速转化。

> 用户：
> 帮我写一条关于菲力欧剃须刀的广告，我们这款剃须刀针对的是年轻群体，主打好看的流线型设计。请你以时尚设计师的口吻来设计这条广告，并在最后加上强势行动号召语。
>
> DeepSeek：
> 菲力欧剃须刀流线出众，型动不凡

设计的灵感，从未止步于时尚秀场；
精致的线条，理应流动于每个日常瞬间。

我们为年轻而设计，
流线机身宛若雕塑艺术品，
握感与美学达成极致平衡。
时尚不止于衣装，更在于每一次出门前的自信瞬间。

菲力欧剃须刀，年轻本该如此锋利。

点击这里，立即拥有菲力欧，塑造你的型格主场！

4.4 社媒软文创作

不同于直白的广告宣传，好的软文不仅需要标题具有"钩子效应"，还必须在正文中逐步传递核心价值并引导读者采取行动。借助 DeepSeek 的 AI 能力，我们能让软文创作的全过程更加高效并富有针对性。

4.4.1 主题选定

当我们需要针对某个产品或活动撰写软文，却苦于难以找到恰当的切入点时，可以让 DeepSeek 扮演"创意顾问"。

> 用户：
请针对"健康饮食"这一主题，列出 5 个吸引年轻女性的文案思路，重点突出易上手食谱与简洁生活方式。
> DeepSeek：
以下是围绕"健康饮食"主题，专为年轻女性打造的 5 个文案思路，突出"易上手食谱"和"简洁生活方式"：
思路一：极简主义餐桌

文案："每天只需 15 分钟，解锁轻盈生活。极简食谱，让美丽与健康轻松上桌。"

思路二：颜值轻食主义

文案："健康食谱不止于卡路里，还要有朋友圈般的颜值。简单几步，好看又好吃。"

思路三：快节奏里的慢享受

文案："忙碌都市女生必备，三步做出治愈系餐食。健康，就在简单生活里。"

思路四：零负担美味主义

文案："告别复杂料理，拥抱'零负担'餐盘。简单美味的食谱，让你轻松成为健康美人。"

思路五：美好生活，从餐桌开始

文案："精简你的厨房步骤，释放更多生活时间。易上手的健康料理，每一口都轻盈自在。"

4.4.2 确定标题

在信息爆炸的社交平台上，用户的注意力只有短短几秒，所以标题必须能够激发读者的好奇心。比如标题可以直接指出用户能从中获得的好处，或以悬疑 / 惊喜的方式引起他们的兴趣，如："如何三天瘦五斤？看这篇就够了！""你不知道的 × 大秘籍。"合理使用数字、对比词能在标题中快速提供具象感，也容易让读者对内容产生信任，如"5 步打造完美社媒文案"。

> 用户：

我打算使用"思路一"来写一篇软广，在其中埋入我司的产品——一款低卡的燕麦代餐食品，叫作"露灵轻食"。请你先为我生成十个抓人眼球的标题。

>DeepSeek：

以下是基于"思路一"及产品特色，为你定制的十个抓人眼球的软文标题：

极简餐桌新风潮，轻食助你轻盈上阵！

每天 15 分钟，解锁高颜值低卡餐桌

吃出精致感：让健康更简单

减法生活正流行！极简主义餐桌革命

低卡不低颜值，打造你的极简餐盘

轻食女孩必备单品！开启一天的美好新生活

厨房小白的福音：极简食谱，轻松吃出好身材

告别复杂，让你的餐桌更简单、更精致

越吃越美的秘密！15 分钟低卡美味食谱

拥抱极简，吃出生活新高度

4.4.3 引流钩子

整体节奏要快，在开篇几句话中描述一个与用户息息相关的场景或痛点，比如："是否因为加班没有时间健身？""周末不知道怎么陪孩子玩？"随后给出文章将要提供的解决路径，如"别担心，这篇文章教你无器械健身，随时随地保持身材"，告诉读者继续阅读能获得怎样的好处，如优惠信息、专属干货、专家观点等。

> 用户：
接下来创作文章开篇的引流钩子部分，具体要求如下：
……

>DeepSeek：
是否因为加班没时间健身？周末想陪孩子，却又想保持身材？繁忙日程让你连吃顿健康餐都成奢望，别担心，这篇文章就是为你而来：我们将手把手教你如何用最简单的方式，在 15 分钟内摆平一餐低卡又满足的轻食，分享专家给出的快捷塑形干货，更有露灵轻食的独家优惠福利等你来领！继续阅读，你将获得一份能真正融入生活的轻食计划，让健康与美丽不再互相冲突。

4.4.4 正文布局

在逻辑分段上面，一般按照"问题→痛点分析→解决方案→案例／数据论

证→行动召唤"的思路展开。通过小标题、项目符号、空行或插图来分割内容，提升易读性，让读者在移动端也能轻松浏览。适度融入用户故事、品牌故事或者幽默元素，以增强文章的代入感和共鸣度。

> 用户：

创作文章的正文部分，按照"问题→痛点分析→解决方案→案例／数据论证→行动召唤"的结构来写，主体是设计以燕麦为主的餐食做法。

>DeepSeek：

问题：

当代生活节奏越来越快，繁重的工作和家庭琐事常常让人无暇精心准备一日三餐。很多人在选择食物时都会犯难：要么为了赶时间而随便点外卖或选择高油高盐的便利食品，要么因为追求低卡却吃得寡淡无味，久而久之导致健康和体态都受到影响。

要想兼顾省时、省力和健康，选对食材和烹饪方法是关键。这篇文章就来分享以燕麦为主的轻食做法，让你在短短 15 分钟内完成一份好吃又营养的低卡餐。

这里选择的主材是低卡燕麦代餐食品——露灵轻食。选用优质燕麦和多种膳食纤维，帮助你稳定血糖、增加饱腹感，并富含多种维生素与矿物质。

很多减脂人群在使用燕麦代餐后反馈，通常在膳食纤维和蛋白质摄入充足的情况下，不仅更有饱腹感，也能更快感受到体重和身体围度的积极变化。

相关研究也同样表明，每日摄入足量的膳食纤维，可有效帮助稳控血糖和胆固醇水平。同时，低 GI（血糖生成指数）食材的使用，可以减少暴饮暴食的风险。燕麦正是典型的低 GI、高纤维食材，而露灵轻食更是在燕麦的基础上进行了配方优化，做到了低卡、低脂、低糖，让健康饮食变得简单可行。

接下来，就跟随本文来学习一些燕麦轻食的做法吧。

1. 燕麦蔬菜粥

（1）所需食材

燕麦代餐（50~80 克，根据个人食量调节）

西蓝花、胡萝卜、玉米粒等时令蔬菜（切成小块或丁）

清水或低钠高汤（300~500 毫升）

少许盐或其他调味料（可选）

（2）制作步骤

冲洗与切割：先将蔬菜洗净，切成易煮的小丁或小块，保证口感一致。

煮制底汤：在锅中加入清水或低钠高汤，大火煮沸后转中火。

下燕麦与蔬菜：将露灵轻食燕麦与蔬菜同时放入锅中，一起煮 8~10 分钟，其间轻轻搅拌防止粘锅。

调味收汁：待粥变得浓稠后，加入适量盐或其他调味料即可关火。

享用：盛出后可再撒些黑胡椒碎或香菜末提升风味，营养又暖胃。

2. 燕麦水果沙拉

……

如果你也想在忙碌的生活里，轻松拥有一份健康饮食方案，不妨试试露灵轻食的低卡燕麦代餐系列。现在点击下方链接或扫码关注，即可获取专属优惠券，解锁更多轻食菜谱与专家定制指导，带你一起"每天只需 15 分钟，解锁轻盈生活"。别再让繁忙成为阻碍，立即行动，让美丽与健康轻松上桌！

社媒软文的创作过程，如果仅靠个人灵感和经验，往往会面临思路瓶颈以及无法高效成批产出的难题。通过 DeepSeek 的 AI 辅助，从前期的主题选定、话题追踪到后期的关键词优化与案例拆解，我们能在短时间内打造一篇甚至多篇符合平台调性又能够高效转化的软文。关键在于反复迭代提示词，并配合实际测试与数据分析，将"AI 创意"与"人类洞察"完美结合，进而输出更具实效性和传播力的内容，让品牌在各种社交媒体平台上大放异彩。

第 5 章　提升职场竞争力

5.1 简历精准优化

在职场竞争日益激烈的当下，一份能"对症下药"的简历往往在求职过程中发挥着至关重要的作用。它不仅需要精准概括你的工作经历和优势技能，还要尽可能贴合目标岗位或企业文化。通过 DeepSeek 的文本理解与生成能力，我们能让"写简历"这件事情变得更加高效且有针对性，从而提升在招聘初筛阶段的竞争力。

很多人写简历时，会将自己的所有经历和技能一股脑儿地堆上去，但并没有突出与目标岗位直接相关的部分。DeepSeek 在这里可以扮演"职业顾问"的角色。

5.1.1 岗位信息输入

首先收集目标岗位的招聘要求，如技能清单、工作职责、企业文化关键词等，然后把这些信息输入 DeepSeek。

举例来说，如果你应聘的是"市场运营"职位，那么可以准备该岗位的岗位描述（Job Description）或公司的宣传资料，作为"背景输入"给 AI 做分析。

> 用户：
> 这是 × × 公司对"市场运营"职位的招聘要求，请你先行记忆：
> × × 公司"市场运营"职位招聘要求
> 一、职位描述
> 负责公司市场运营策略的制定与执行，通过多渠道推广和活动策划，

提升品牌知名度与用户参与度；

分析市场动向、竞争环境及用户反馈，不断优化产品定位和推广方案；

协助完成业务目标的增长和市场份额的拓展，为公司营收提供持续支持。

二、岗位职责

……

三、任职要求

……

四、优先条件（加分项）

……

如您对该岗位感兴趣，欢迎投递简历并与我们进一步沟通！

期待您的加入，与××公司携手共创卓越的市场运营未来。

>DeepSeek：

已记忆。后续有其他疑问请向我提问。

5.1.2 自动调整描述语言

当 DeepSeek 获取了岗位需求后，你可以让它根据你的工作经历，自动挖掘那些与岗位最匹配的技能和项目经验，并用更贴近招聘方语言风格的方式进行表述。

>用户：

我已经将我的简历发送给了你，请你告诉我有哪些点需要修改、突出，以最大限度地适配现在这份岗位要求。

>DeepSeek：

以下是根据"××公司'市场运营'职位招聘要求"与当前简历内容对比后，给出的修改与突出重点的建议，帮助你最大限度地适配该岗位需求：

1.明确"策略制定"与"执行"方面的经验

现状：简历中虽然提到"负责公司核心产品的市场推广策略制定与执行"，但可以再更具体地描述你在策略层面上的思考过程和决策依据，例如：

通过哪些市场调研或数据分析得出推广策略？

如何确定推广渠道、分配预算及 KPI（关键绩效指标）？

建议：在工作经历里添加 1~2 条体现你在"策略层"的主导作用与成果的描述。例如：

"基于对竞品和用户需求的调研，提出 ×××× 推广策略，帮助产品月度销售额提升 ×%。"

2. 突出"市场调研与分析"的具体方法和成果

现状：你提到了"分析市场数据及用户反馈"，但尚缺少更具操作性的细节。

建议：从简历可以看出你熟悉 Excel、SQL（数据库）、GA（谷歌分析）等数据分析工具，可适当强化你如何利用这些工具进行调研和数据分析，并对结果进行优化迭代。例如：

"定期收集用户行为数据，运用 GA 进行漏斗分析，定位用户流失环节，优化落地页转化率提升 ×%。"

3. 展示更多"活动策划与执行"的成功案例

现状：你提及了线上线下活动经验，也有"跨界品牌合作直播活动"的成功案例。

建议：结合"×× 公司"对"推广与活动策划"以及"渠道管理与拓展"的需求，你可以进一步量化活动成果，比如活动引流量、曝光量、转化率、留存率等指标，并简要说明你在活动策划中所扮演的角色、遇到的挑战以及如何解决。

4. 加强对"渠道管理"与"多平台投放"的阐述

现状：提到 SEM（搜索引擎营销）、信息流、社交媒体运营，但介绍相对简略。

建议：结合招聘要求，说明你对各平台（如抖音、微信、微博、小红书、B 站等）的运营思路和策略，以及对投放效果的追踪与评估方式。例如：

"负责 ×× 平台信息流广告投放，制定投放策略并分析转化数据，3 个月内将 ROI 从 × 提升至 ×。"

……

综合而言，现有的简历基础很好，但还可以在"策略思考深度""数据分析落地""团队管理细节""活动/投放成果数字化"四个维度再进一步量化和细化。通过突出这些要点，你的简历就能更加紧密地吻合"××公司'市场运营'职位"的招聘需求，展现出你系统全面的市场运营能力以及对结果负责的执行力。

这样一来，招聘方在阅读你的简历时，就能迅速看到你与该岗位的契合点，而不是在冗长的文字里寻找关键信息。

5.1.3 关键词提炼

在网络招聘平台和企业内部的 ATS（招聘管理系统）自动筛选简历时，关键词起着很重要的作用。若缺少对应的关键词或表述方式不符合平台逻辑，再优秀的简历也可能被埋没在浩瀚的简历海洋里。

不同招聘网站有各自的算法和搜索习惯，有的平台更注重"数据分析""团队管理"等功能性词汇，也有的平台强调"沟通表达""执行力"等软技能。DeepSeek 可以帮助你快速扫描目标平台或公司惯用的词汇习惯，并在简历中相应提高这些关键词出现的频率。同时，如果目标企业有明显的文化导向（如"创新""社会责任""扁平化管理"等），你也可以让 DeepSeek 将这些关键词巧妙融入简历中，体现你对企业文化的理解与认可。

除了符合 ATS 的关键词外，如何让你的简历在一堆同质化表达的简历中脱颖而出也非常重要。DeepSeek 能从你的经历中抓取独特点并上升为更高维度的能力。

> 用户：
请从我的简历中总结关键词以应对 ATS。
>DeepSeek：
以下是根据你当前简历内容提炼出的、常用于应对 ATS 的关键词和短语，可帮助系统快速匹配到你的市场运营相关技能与经验：

市场运营 / 市场推广 / 市场营销 / Brand Marketing（品牌营销）/

Marketing（营销）

数据分析 / Data Analysis（数据分析）/ Excel / SQL / Google Analytics（谷歌分析）/ GA / 数据驱动

线上线下活动策划 / 活动执行 / 活动策划 / 线下路演 / New Media Marketing（新媒体运营）

社交媒体运营 / 社交媒体推广 / 新媒体运营 / Social Media（社交媒体）

SEM / 信息流投放 / SEO（搜索引擎优化）/ 搜索引擎优化 / 竞价投放

渠道管理 / 渠道拓展 / 营销渠道 / 推广渠道

用户洞察 / 用户调研 / 用户反馈 / 消费者行为学

跨部门协作 / 跨团队沟通 / 团队管理 / 领导力

PMP（私有化市场竞价）/ 项目管理 / Project Management（项目管理）/ 项目执行 / 资源协调

KPI / 业绩指标 / ROI / 投放回报率 / 市场目标

品牌宣传 / Brand Awareness（品牌认知度）/ 线上线下整合营销

快消 / 零售 / 互联网 / 广告公司 / 行业调研

创新意识 / 创新思维 / 自我驱动 / 学习能力

运营策略制定 / 市场策略 / Strategy & Execution（战略与执行）/ 预算管理

转化率 / 留存率 / 用户增长 / 复盘分析

在上传或填写简历时，可以将这些关键词穿插在你的职位描述、技能列表和项目成果中，并确保上下文通顺、逻辑清晰。这样可以提升你的简历在 ATS 中的匹配度，让招聘方更容易搜索到与你相关的经验和能力。

在 AI 时代，写简历不再只是单纯的"自我描述"过程，而是可以通过深度语义匹配、关键词分析与多版本生成，让你的简历与目标岗位需求实现高精度对接。DeepSeek 既能省去大量的重复性编辑工作，又能帮助你找准核心亮点，使你的简历更容易通过初筛并获得面试机会。如果说之前的简历优化需要烦琐摸索和反复修改，那么现在你只需向 DeepSeek 输入足够的背景信息和目标要求，就能在短时间内收获一份条理清晰、精准聚焦且具有明显竞争优势的简历。

5.2 面试模拟训练

面试是求职过程中极为关键的一环。面对面试官的提问，不仅需要展示专业能力，更要体现沟通、应变和综合素质。在传统模式下，求职者往往只能事后自行回忆、总结，或请身边的朋友、同事模拟演练。现在，借助 DeepSeek 的对话交互和语义分析能力，我们可以更有针对性地进行面试模拟，提高整体准备效率和临场表现。

5.2.1 高频问题库

不同的公司和岗位会有各自偏爱的面试题，但很多行业依然有一些"常见的通用问题"，如"请介绍一下你自己""谈谈你在上一份工作中面对的最大挑战""你对我们公司的了解有多少"。

（1）行业通用问题

DeepSeek 可根据你的目标行业（如互联网、快消、金融等），自动生成一份包含常见问题的"高频问题库"。

你可以在多轮对话中进一步聚焦，例如让 DeepSeek 针对技术研发岗或市场运营岗产出更专业、更有针对性的通用问题清单。

> ＞用户：
> 我想要面试互联网行业的前端开发这一职位，请你帮我生成一份相关的高频问题库。
> ＞DeepSeek：
> 以下是一份面向互联网行业前端开发岗位的常见面试高频问题库，涵盖技术基础、框架知识、项目经验以及综合能力等多个方面，可用于自我检测或模拟面试。你可以根据自己的情况进行查漏补缺。
> 一、HTML（超文本标记语言）/ CSS（样式表）相关
> 1.HTML 语义化

什么是语义化？为什么要进行语义化？

举例说明常用语义化标签的使用场景。

2. 盒模型（Box Model）

标准盒模型与怪异盒模型有何区别？

如何切换到怪异盒模型？在哪些情况下会使用？

3.CSS 选择器与优先级

选择器类型（标签选择器、类选择器、ID 选择器、属性选择器、伪类、伪元素等）的优先级算法。

如果出现优先级冲突，如何处理？

4.CSS 布局

Flex 布局和 Grid 布局的常见使用场景和主要属性。

如何实现垂直水平居中？说出至少两种方法。

响应式布局的常见实现方式，media queries（媒体查询）、弹性布局等。

5.CSS 性能优化

为什么要尽可能减少重排与重绘？有哪些方法可以减少或优化重排、重绘？

哪些 CSS 属性会影响性能？如何使用硬件加速？

6. 常见兼容性问题

如何处理不同浏览器对 CSS 属性的兼容性？

CSS 前缀（-webkit-、-moz- 等）的使用场景和工具支持（如PostCSS、Autoprefixer）。

二、JavaScript（脚本语言）/ TypeScript（类型化脚本语言）相关
……

三、前端框架与技术栈
……

四、性能优化与安全
……

五、项目与实战经验

......

六、综合能力与行为面试

......

七、潜在深入拓展领域

......

以上问题涵盖了前端开发面试中常见的技术点和软技能要求。面试前最好结合自身项目经验、技术擅长方向来进行针对性准备，并适时展示在项目实践中真正解决问题的过程，从而给面试官留下更深刻的印象。祝你面试顺利！

（2）公司特定问题

大多数企业在面试时也会设置与公司文化或当前业务状况相关的问题，如对公司产品的认识、对企业愿景的理解等。

在提供目标公司的一些背景资料后，DeepSeek 会抓取关键信息并生成与该公司文化契合、较具辨识度的问题，为你做更充分的预演准备。

> 用户：

请你帮我设计一些与 ×× 公司文化或当前业务状况相关的问题，以及他们偏爱问的问题。

> DeepSeek：

以下为一些更贴近 ×× 公司文化和当前业务状况，并且 ×× 较为偏爱的面试问题示例。问题分为三大类，分别是"价值观与文化契合""技术与业务结合""工作方式与沟通协作"。结合这些问题，可以帮助你更有针对性地准备面试。

一、价值观与文化契合

"做感动人心、价格厚道的好产品"是 ×× 的核心理念，你怎么看待这一理念？

考点：是否认同 ×× 的企业使命，对"价格厚道"的理解，能否将"用户体验"摆在首位。

×× 强调"与用户做朋友"，在你以往的项目中，如何以用户为中心来推动决策？

考点：以往项目中是否有过用户调研、用户反馈收集、快速迭代的经验，能否证明自己具备以用户为导向的思维方式。

××的产品常被认为"追求极致性价比"，作为技术人员，你怎么看待品质与成本之间的平衡？

考点：对"品质"与"成本"平衡的理解；能否在有限资源下依然保持高质量交付。

面对快速迭代和大量用户反馈的压力，你是如何保持持续的创新与投入的？

考点：能否在高强度、快节奏环境下依然保持热情，有没有方法来应对快速迭代及压力。

二、技术与业务结合

××不仅是手机厂商，更拥有庞大的物联网（IoT）生态，你对前端在 IoT 生态中的角色有什么看法？

考点：对 IoT 业务场景的理解；能否阐述前端在设备数据可视化、实时交互、远程控制中起到的作用。

如果你参与 ×× 智能家居 App 的前端开发，需要管理和展示多种设备状态，你会如何设计前端架构来保证可维护性和性能？

考点：是否具备前端工程化思维；如何处理多数据源、多场景并行，如何在大规模数据实时更新的场景下进行性能优化。

······

三、工作方式与沟通协作

······

通过准备以上这些问题，你不仅能够展示自己的技术深度和业务理解能力，还能体现对 ×× 企业文化的认同度和适应度，从而更好地应对面试。祝你一切顺利！

5.2.2 回答策略推荐

面对面试官的各种问题，如果仅给出"是"或"否"这样的简短回答，是无法体现出自身的思考过程和实力的。针对这个问题，我们可以利用一些框架化的回答方式来提升自己的语言厚度，比如用 STAR（Situation、Task、Action、Result）法则来呈现个人经历，以及在回答中突出与岗位相关的能力。

让 DeepSeek 在每道题的回答建议中，提示如何运用 STAR 结构：

情境（Situation）：简单描述当时的背景与环境；

任务（Task）：明确自己在该情境下的目标或职责；

行动（Action）：阐述具体采取了哪些步骤和方法；

结果（Result）：总结最终产生了哪些成果或学习到的经验。

这种框架能帮助面试官更好地了解你的思考过程与执行能力，也让你的回答显得条理清晰、重点突出。

> 用户：

我的简历已经发送给你了，请你模仿我的口吻，回答下面的问题：介绍 1~2 个你做过的典型项目，包括业务场景、技术栈以及主要负责的模块。使用 STAR 法则来回答。

>DeepSeek：

情境

我之前做过一个小型的电商项目，背景是客户想在双十一之前上线全品类商城，需要从零开始搭建一个支持多 SKU（库存单位）、优惠券、拼团秒杀等多种功能的线上购物平台。

任务

我的主要职责是完成商品列表和购物车模块的前端开发。这个项目要求我们在极短的时间内实现核心功能，并且要保证在高并发的情况下依然能稳定运行。

行动

我选用了 React + Redux + TypeScript 来构建前端，集中管理状态，并用类型约束来减少团队协作中的潜在 Bug。

针对商品列表的检索和分页，我通过后端 API 统一获取数据，然后在 Redux 中做区分管理，方便后续做各种筛选或排序功能。

在购物车模块，我重点实现了各种折扣和组合优惠的逻辑，包括满减、拼团、秒杀等。这样用户在结算时能够实时看到价格变化和优惠情况。

项目上线前，我还做了性能测试和优化，比如针对首页和购物车页面进行代码分割（Code Splitting），在高流量时有效避免了加载过慢的问题。

结果

这个商城在双十一期间平稳应对了十几万用户同时在线，几乎没出现严重的性能瓶颈或宕机事故。

由于使用了 TypeScript + Redux 的方式，大大降低了日后维护和功能扩展的难度，后续的迭代也比较顺畅。

通过这个项目，我也进一步强化了高并发场景下的前端性能优化思路，以及对电商购物流程的全局把控能力。

5.2.3 模拟实战

有了足够的练习量之后，就需要对真实的面试场景做一些针对性的尝试了。在这一点上，DeepSeek 同样是可以帮到我们的，只需要做一些设置，它就可以化身面试官，对我们开启一场模拟面试。

在 DeepSeek 对你的回答进行分析之后，它还能给出改进建议，比如"措辞更专业一些""补充具体数据来增强说服力"等。

这种即时反馈让 DeepSeek 就像有一个耐心且专业的教练，帮助你在"模拟实战"中不断打磨自己的表达和思路。

如果你面试的是国外企业，可以设定面试官为"外企 HR"，模拟英文或多语言交流；如果你面试的是初创公司，可以让 DeepSeek 聚焦"创业氛围"下可能会被问到的问题，如："你如何看待加班文化？""你是否能适应快速变化的工作节奏？"如此等等，让准备更具针对性。

> 用户：

接下来请对我进行一场模拟面试，从我发送给你这条指令起，你就要开始问我面试问题。每当我回答了你的问题，你就要提出新的问题，根据岗位要求，这个问题可以是对前一个问题的追问，也可以是新的问题。直到我说"停止"，这场虚拟面试就结束。现在请开始。

>DeepSeek：

好的，那我们就开始这场模拟面试吧。请先做一个简短的自我介绍，突出你的专业背景和主要工作经历。

> 用户：

大学的时候我主修的是软件工程专业，毕业后在上海 IBM 做 C 语言开发，做了两年之后跟着同学转了 OC[①] 开发，一直做到现在。

……

>DeepSeek：

好的，请进一步说明你在上海 IBM 以及后续进行 OC 开发时分别主要负责的工作内容，以及你在其中取得了哪些成果或积累了哪些关键技能。

……

为了优化我们的回答，还可以让 DeepSeek 对回答进行分析之后，直接给出改进建议。比如在一开始的提问中加入这条提示词：

针对我的每条回答，给出客观的改进建议。

另外还有一点，本节所有的内容最好在同一条对话中进行。这样 DeepSeek 能有一个长期的记忆，会节省重新设置的时间。

借助 DeepSeek 的面试模拟训练，我们能在一个近似真实的对话情境中，反复练习、校正与提升。不管是应对通用面试问题、企业文化特定问题，还是给出更专业的回答策略与语言润色，DeepSeek 都可以在关键环节提供洞察和支持。这样一来，你的面试表现将更有针对性和自信度，为最终拿到理想职位打下坚实的基础。

---

① Objective - C（OC）是苹果公司开发的一种面向对象的编程语言，常用于 iOS 和 macOS 应用开发。

5.3 岗位能力诊断

在竞争激烈的职场环境中，清晰了解自身与目标岗位之间的能力差距并制定有效的提升方案，往往能让个人职业发展事半功倍。借助 DeepSeek 的分析和规划能力，我们可以快速识别关键技能短板、量身定制学习路径，并在必要时获取跨领域或跨行业的转型建议。

5.3.1 技能缺口分析

不同的岗位通常有各自特定的核心竞争力要求，包括专业技能、软技能以及对行业趋势的认知。想要在岗前或在岗期间保持高水平，首先需要弄清楚自己当前有哪些能力不足。

（1）岗位需求透视与个人能力评估

首先还是需要输入一份详尽的岗位职责以及我们的个人简历给 DeepSeek，让它从中提炼出岗位所需的关键技能，以及我们自身所具备的职业技能。

（2）缺口分析

通过对比，让 DeepSeek 初步评估我们可能的技能缺口，随后根据这些缺口给我们设计一些问题，进一步定位需要解决哪些能力短板。

> 用户：
请根据我的简历以及我发送给你的岗位需求，分析对于这个岗位而言，我个人的技能短板在哪里。

>DeepSeek：
1.Web 基础知识与核心三大件（HTML/CSS/JavaScript）
你的简历主要展现了 iOS 开发相关技能（Objective-C、Swift 等），并未提及 HTML、CSS、JavaScript 等 Web 基础。对于 Web 前端而言，HTML 语义化、CSS 布局与响应式、JavaScript 的核心特性（如原型链、事件模型等）是最基本的能力。

短板在于：缺少前端页面布局、跨浏览器兼容、DOM 操作与事件机制等 Web 领域的核心知识。

2. 主流前端框架与生态

前端开发岗位往往会要求熟悉如 React、Vue、Angular 等至少一种主流框架，并具备一定的项目实战经验；还需要对其生态圈（如路由管理、状态管理、UI 组件库等）有所掌握。

在你的简历中，尚未提到任何 Web 端框架的使用经历；在 iOS 端的思路（MVVM、MVP）尽管有通用性，但仍与前端框架生态有显著区别。

短板在于：缺少主流前端框架（React/Vue/Angular）及其配套生态的项目经验。

3. 工程化与构建工具

前端通常需要使用 Webpack、Vite、Rollup、Gulp 等构建工具进行打包、代码分割、性能优化，这类工程化思维和具体操作在 iOS 开发中并不完全相同。

虽然你熟悉 Xcode、CocoaPods 等工具，但针对前端的依赖管理（NPM、Yarn、pnpm）、打包配置（Webpack config 等）需要额外的掌握。

短板在于：不熟悉前端项目构建与打包流程，对工程化方案与自动化部署工具缺乏实战经验。

……

5.3.2 学习路径规划

仅仅知道自己有哪些不足还不够，能否制定科学的学习路径，才是让能力持续增长的关键。这里，DeepSeek 可以协助你开展从"任务分解"到"资源选取"的全流程规划。

（1）分阶段设定目标

根据缺口分析的优先级，先把需要掌握的技能按难易程度或重要性分为几个阶段：基础入门、进阶加强、专业拔高等。

让 DeepSeek 提示每个阶段对应的衡量标准或里程碑，例如能否独立完成某项分析报表、能否在团队会议中主导一次营销方案讨论等。

> 用户：

根据我的短板情况，帮我设计分阶段的学习计划。

>DeepSeek：

以下是一份基于你当前短板情况而设计的分阶段前端学习规划，将前端必备技能按难易程度和重要性逐步推进，让你按照"基础入门→进阶加强→专业拔高"稳步提升。

第一阶段：基础入门

目标

1. 掌握 Web 前端的核心三大件：HTML、CSS、JavaScript 的基本用法和语法规则。

2. 了解浏览器工作原理：DOM 操作、事件机制、渲染流程。

3. 初步完成小型页面开发：能够独立搭建并部署一个简单的静态网站或个人主页。

学习内容与建议

HTML & CSS

HTML 语义化：掌握常见的语义化标签（header、main、footer、section、article 等），了解它们的用途；

CSS 基础语法：选择器优先级、盒模型、布局（Flex、Grid），学会响应式设计；

兼容性与适配：了解各大浏览器（Chrome、Safari、Firefox、IE/Edge）对 CSS 的兼容性差异，学会使用媒体查询进行多端适配。

JavaScript 基础

基本语法与数据类型：变量声明、作用域、对象、数组、函数、闭包；

原型链与面向对象：理解 JS 原型继承、原型链查找机制；

事件机制：事件捕获、冒泡、委托，如何操作 DOM；

简单交互与动态效果：在页面中实现一些常见交互（Tab 切换、弹窗、轮播等）。

浏览器与网络

HTTP/HTTPS：基础请求流程、常见状态码、GET/POST 请求的区别；

跨域与同源策略：简单了解 CORS 机制。

小型项目实战

目标：利用所学，开发一个个人博客或展示页面，包含多页面切换、简单的交互效果；

部署：尝试用 GitHub Pages 或简单的云服务器（如 Netlify、Vercel）部署到线上，让自己对前端的工作流程有整体理解。

第二阶段：进阶加强

……

第三阶段：专业拔高

……

复盘与总结

每完成一段学习或一个项目，都写下心得，总结踩坑点和优化策略，形成自己的知识沉淀。

通过上述分阶段规划，你可以从 Web 前端的基础核心起步，逐渐锻炼工程化、框架应用、性能与安全等进阶能力，并在项目实战中不断积累经验。最终，你将具备从小到大、多维度前端场景的综合掌控能力，为后续转型或全栈发展奠定坚实基础。

（2）推荐学习资源

让 DeepSeek 给出相应的课程、工具推荐。如果你对英语阅读没有障碍，也可以让 AI 分析全球范围内的优质资源，使学习渠道更丰富多元。

> 用户：
请为我推荐中文的相关学习资源。
>DeepSeek：
以下是一些比较常见且优质的中文前端学习资源推荐，涵盖从基础到进阶的不同阶段，适合打牢前端基础、学习主流框架以及了解前端生态发展。

一、基础入门

MDN Web Docs（中文）

网址：https://developer.mozilla.org/zh-CN/

适用阶段：初学到进阶

特色：由 Mozilla 组织维护，涵盖 HTML、CSS、JavaScript 的权威文档和示例，内容翔实、结构清晰。

菜鸟教程（Runoob）

网址：https://www.runoob.com

适用阶段：初学

特色：教程循序渐进、示例丰富，适合快速上手了解前端基础语法与常见用法。

……

二、进阶加强

……

三、专业拔高

《JavaScript 高级程序设计（第 4 版）》中文版

……

四、实践与其他建议

……

总结

第一阶段（基础入门）适合从 MDN、W3School、B 站公开课等开始，掌握 HTML/CSS/JS；

第二阶段（进阶）通过掘金、SegmentFault 和官方文档深入框架与工程化；

第三阶段（专业拔高）通过阅读经典著作、关注技术大会、研究开源项目，探究底层原理与前沿趋势。

结合自己的节奏和目标，从上述资源中挑选合适的内容循序渐进地学习、实操，在实践中逐步加深理解和应用，相信能更高效地补齐前端技能短板。祝学习顺利！

（3）进度跟踪与调整

在实际学习和尝试过程中，你可以定期把新的收获或问题输入 DeepSeek，让它帮助你评估进展是否符合预期，并根据遇到的难点及时调整学习重心。

这就形成了一个"不断反馈持续优化"的学习闭环，让你在有限的精力里获得最大的产出。

5.3.3 跨专业 / 领域转型建议

随着社会分工的变化和个人兴趣的发展，有些人希望跨专业或跨领域，开启新的职业道路。这样的转型既具有风险，也蕴藏着巨大机会。想要在新领域里尽快站稳脚跟，需要更加系统地借助 AI 来做"跳槽规划"。

（1）目标领域需求分析

当你想从"市场营销"转向"产品经理"或从"文案编辑"转向"数据分析"时，输入目标岗位或领域的关键技能要求，让 DeepSeek 辨析两者之间的核心差异。

结合你现有的技能树，DeepSeek 会标记出"可迁移技能"（如沟通能力、项目管理经验）以及"必补短板"（如编程基础、产品思维等）。

（2）衔接点与资源网络

让 DeepSeek 推荐在新领域中最具潜力的学习方向或"入行捷径"，例如先以助理或实习身份接触项目、加入相应的行业社区或沙龙、申请与新岗位相关的公司内部轮岗机会等。

有时，跨界并不意味着放弃过去的一切，而是在新行业中发挥"旧专业"的独特竞争力。DeepSeek 能帮你发现这种"融合点"，让你更自信地向面试官或团队领导展示新的职业可能性。

（3）阶段性成果量化

跨专业或跨领域意味着要应对完全不同的知识体系和规则，因此尽早量化阶段成果至关重要。

DeepSeek 可为你定制具体的转型 KPI，如"3 个月内完成 ×× 项目并获得正面反馈""半年内实现 ×× 技能认证"等。每当你达成一个阶段目标，就能更有底气地走向下一步，并持续巩固新岗位所需的核心能力。

岗位能力诊断不仅仅是一次找差距的过程，更是一种持续的自我进阶模式。DeepSeek 能全面协助你从识别技能短板、规划学习方案到动态跟踪与调整，甚至在你谋求跨行业转型时给出深度洞察和具体落地建议。通过这样的一站式诊断与提升，你可以精准锁定真正能带来价值增长的技能点，让自己在瞬息万变的职场环境中保持核心竞争力并掌握更多发展主动权。

5.4 职业发展建议

在快速变迁的时代里，很多职场人都希望能"看清未来"，对所处行业与个人职业轨迹有更清晰的认知。但仅靠自己的经验或少量信息往往视野有限。此时，借助 DeepSeek 对海量数据与趋势的分析能力，我们不仅可以在"行业趋势解读"上得到更多启发，还能收获基于个人兴趣、能力和目标的职位匹配建议，更好地做出生涯规划决策。

5.4.1 行业趋势解读

面对新技术、新消费习惯、新竞争格局的不断涌现，每个行业都可能在短期内发生剧烈变化。深度行业洞察有助于职场人及时调整发展方向，甚至能抢占先机。

传统的行业报告和新闻只提供"宏观层面"或"过去一段时间"的变化趋势。DeepSeek 在理解人类语言和数据内容的过程中，能够同时抓取宏观经济走势与微观企业行为，从而给出更立体的分析。

你可以在定期与 DeepSeek 的对话中，要求它"追踪"某个行业的核心新闻或关键事件（如投融资动态、技术突破、政策变化等），形成阶段性简报，让自己对市场环境的变化一直保持敏感。在多轮对话中，如果有新的背景或数据，你可以随时补充给 AI，让它重新分析、生成最新预测建议。

DeepSeek 通过对产业的多角度分析，有可能为你发掘隐性增长赛道或潜力职位，帮助你在第一时间考虑转行、进修或布局相关资源。

> 用户：

请你帮我分析一下目前美甲行业是怎样的一个情况。

> DeepSeek：

近年来，美甲行业整体保持着稳健的增长趋势，主要受到年轻消费群体日渐重视个性化美妆和精致度提升的带动。然而，随着市场竞争不断加剧、消费者需求升级以及新技术与商业模式的出现，整个美甲行业也在经历深层次的转型与变化。以下从几个主要方面做简要分析：

1. 市场规模与竞争格局

市场规模：美甲行业是细分的美业市场之一，整体规模持续扩大，但在宏观经济波动等外部因素的影响下，行业增速有所放缓。尽管如此，年轻消费群体注重个性化消费、悦己消费的趋势依然明显，美甲仍是重要的消费支出之一。

竞争格局：美甲门店数量多、体量小，且从业者良莠不齐，传统美甲店面临行业同质化竞争及获客难度上升的问题。品牌化、连锁化的美甲企业占据了更大的市场份额，能够为顾客提供更稳定且优质的服务与体验，也更具备抗风险能力。同时，个体工作室与上门服务模式也在某些地区兴起，给消费者带来差异化选择。

2. 消费者需求及新趋势

追求品质与健康：随着消费者对美容健康意识的提升，对美甲产品的安全性、环保性和质量更为关注。低气味、低毒性甚至无毒性的新材料、可剥离甲油胶等新产品逐渐成为市场热点。

个性化与创意化：美甲除了基础护理，更多地体现出时尚、艺术与个性表达的属性。结合节日、主题设计或与其他潮流元素联名的款式持续走俏，DIY套装、定制化图案等都能满足年轻人社交分享的需求。

社交媒体与线上化：在抖音、小红书等平台，美甲风格与教程热度居高不下。大量美甲师通过线上平台进行作品展示、顾客教育和获取订单，直播、短视频营销也进一步刺激了美甲行业的线上线下融合。

3.行业创新与技术发展

......

4.行业面临的挑战

......

5.未来发展的机遇与方向

......

总体而言，美甲行业仍然存在较大的发展潜力，但要在激烈的市场竞争中保持增长，需要在服务质量、技术创新、品牌营销以及材料安全等方面不断投入与升级。通过差异化经营和数字化营销，打造强有力的品牌形象与良好的顾客口碑，将成为美甲企业和从业者在未来取得成功的关键要素。

5.4.2 职位匹配推荐

做职业规划时，既要重视外部环境（行业趋势），也要关注自身定位：哪些岗位能够让个人实力与兴趣发挥最大效能？哪些企业或领域的文化、氛围与你更契合？ DeepSeek 可以帮助梳理并筛选出更合适的发展选项。

除了基本的技能匹配外，个人偏好与价值观、生活方式需求（如工作弹性、城市选择）也同样重要。让 DeepSeek 结合你的专业背景、过往经验、性格特点以及对未来生活的设想，综合评估最具潜力的职位类型，或具体到行业、公司规模等级（初创企业、大厂、跨国公司等）。

> 用户：

目前我住在深圳，不太想做那种 8 小时坐班性质的工作。我自己有一些编程功底，在摄影方面也有一定的技术，请你给我一些职业规划的建议。

>DeepSeek：

以下建议基于你所处的城市环境（深圳）以及你拥有的技能特长（编程、摄影），同时考虑到你希望减少传统坐班的限制，希望对你有所启发：

1.自由职业 / 接外包单

编程外包：可以通过各类自由职业平台（如猪八戒、程序员客栈、

Freelancer 等）获取项目订单，项目类型包括网页开发、小程序、简单工具或脚本等。

优势：自由安排时间、积累客户资源和项目经验；深圳本身有大量初创企业与需求方，接触面广。

难点：需要一定的市场推广能力与项目管理能力，初期客源相对不稳定。

摄影外包：面向电商拍摄、企业宣传片、活动纪实或者个人写真等。深圳聚集了大量的电商卖家与初创公司，产品摄影、商业摄影、形象宣传的需求都很旺盛。

优势：与电商、设计公司等 B 端客户合作单价会更高；有机会在商业活动中结识更多潜在客户与合作伙伴。

难点：同质化竞争较多，需要形成个人特色，打造较为专业的作品集和行业口碑。

2. 结合编程与摄影，寻找交叉领域

数字内容创作与技术相结合：例如将摄影与前端开发结合，在作品展示网站、图像处理或在线互动式摄影作品上进行创作，提供差异化服务。

AR/VR/ 全景摄影：如果有一定编程基础，可以研究全景摄影、虚拟现实相关技术。深圳的科技公司对 AR/VR 需求不少，尤其是在房产、展览展示、文旅行业。你可以在此方向上尝试提供更高附加值的服务。

AI 图像处理 / 生成：随着 AI 图像生成的普及，若你对编程和图像处理都有兴趣，可以参与到与 AI 绘图、智能修图、图像识别等方向的项目中。

3. 短视频 / 自媒体运营

……

4. 技术型创业 / 工作室

……

5. 加入初创公司 / 联合办公模式

……

6. 综合建议 / 注意事项

......

总的来说，你可以先确定自身对"编程"与"摄影"哪个方面更有热情或更具备核心竞争力，然后结合目标客户的需求与个人资源，通过自由职业、项目制合作或小型创业等模式灵活发展。深圳拥有较活跃的创新创业氛围，只要持续提升专业能力、保持对市场的敏锐度，就有机会在非传统坐班的工作形态中收获理想的职业发展。

5.4.3 生涯规划

如果想要做个人长远规划的话，就需要在正确的赛道上找到个人独特价值，并不断通过阶段性目标去实现。DeepSeek 在帮你汇总和分析信息的同时，也能在"如何规划"上给出更结构化的建议。

比如，你想在五年内成为某个领域的资深专家或想在三年后开始创业，那么 DeepSeek 可将你的目标拆解成更具体、可执行的阶段性任务和学习路线。

通过让 AI 了解你当前的资源、人脉、技能，再辅以行业发展节奏，就能让它为你量身定制"1 年、2 年、5 年"的关键节点发展规划，避免盲目或急功近利。

> 用户：

我刚从大学毕业，我的专业是电气自动化。我想在新能源汽车领域长久地发展，你能帮我做一个长期的规划吗？

> DeepSeek：

以下是面向新能源汽车行业，结合你电气自动化专业背景的长期职业规划建议。整体思路是从"基础技能积累"到"核心技术探索"，再到"管理与战略高度"层层递进，以帮助你在新能源汽车领域中实现可持续且有深度的发展。

一、短期（1 ~ 3 年）

1. 熟悉行业与技术基础

行业认知：了解国内外主要新能源车企及供应链体系，包括整车厂（OEM）与零部件供应商，电池、电控、电机系统的主要厂家与创新方向。

核心技术学习：

电机与控制系统：重点掌握电机原理、驱动技术、逆变器与控制算法；深入了解常见的电机类型（如永磁同步电机、感应电机等）。

电池管理系统（BMS）：学习基本的电化学原理、电池健康管理、热管理技术、安全控制策略等。

整车控制（VCU）：了解新能源车整车控制逻辑、系统架构、车载网络通信（CAN/LIN、Ethernet 等）、故障诊断等。

掌握相关软件与工具：

仿真与设计：如 MATLAB/Simulink、PSpice、Altium Designer 等。

编程语言：C/C++（嵌入式开发）、Python（数据分析、自动化脚本）等。

2. 积累实战经验

校招或初级工程岗位：在主机厂（整车企业）或一线零部件供应商从事电气设计、自动化测试、嵌入式开发等工作，深入了解实际产品开发流程与质量标准。

参与项目 / 实践机会：多参与项目的前期需求分析、方案设计到后期测试和验证的全流程，在实战中积累经验并锻炼解决问题的能力。

获取行业证书或资格：如有机会，可考取与电气自动化、工业控制、汽车工程等相关的职业资格或证书，为自己的专业背景加分。

3. 建立人脉与行业资源

同行 / 校友交流：保持与大学同学、师兄师姐的沟通，关注他们在不同行业或公司中的动态；也可以加入相关专业协会或青年技术联盟。

参加行业会议或展会：多关注新能源汽车行业展会（如上海车展、广州车展等），或专业论坛、技术沙龙，从中了解最新技术趋势并结识潜在的合作者或业内专家。

二、中期（3～7 年）

1. 技术方向深化或跨领域拓展

技术深耕：选择一个专业细分方向深挖，例如：

电驱系统（电机控制 / 逆变器 / 驱动策略）。

BMS 与能量管理（电芯技术、热管理控制、续航里程优化等）。

智能网联（车载通信总线、车机系统、自动驾驶辅助）。

跨学科融合：如果有意愿，可在软件开发、人工智能、云计算平台等领域进行拓展，以满足未来智能化、网联化的趋势。

2. 提升系统化的工程能力

……

三、长期（7 ~ 10 年及以上）

……

总结：

从短期打牢技术基础、进入行业积累实战经验，到中期深化专业领域或跨界融合，再到长期往更高层次的技术或管理角色转型，你可以针对自己的优势和兴趣方向有选择地逐步推进。同时，深圳及全国其他地方的新能源汽车产业布局都在持续加码，电气自动化在整车、电控、电池以及上下游供应链的智能制造中都非常重要，把握好技术热点与行业趋势，规划好自身的专业成长之路，就能为将来在新能源汽车领域的长期深耕打下坚实根基。祝你在未来的职业道路上取得丰硕成果！

在信息爆炸和行业迭代加速的时代，职业发展从来就不是一条直线。如果没有系统的行业趋势洞察和对自身优势的准确把握，很容易被时代浪潮裹挟而缺乏主动权。DeepSeek 能以"多源信息 + 智能分析"的方式，为你提供更全面的行业解读、量身定制的职位推荐，以及可执行的生涯规划技巧。这样一来，你不但能更好地选择适合自己的岗位方向，也能在长远职业路径上做出更加稳健而智慧的决策。

5.5 简报定制

在信息过载的时代，企业或个人在日常工作中常常需要快速获取并消化行业动态、数据变化以及竞争对手信息。有效的简报可以帮助团队高效决策、把握机会、规避风险。然而，要想在短时间内搜集并整理多方信息并非易事。借助 DeepSeek 的自动化数据抓取与智能分析能力，我们能够快速生成结构清晰、重点突出的简报，满足多种场景下的决策需求。

5.5.1 实时关注行业动态

借助 DeepSeek 的多轮对话功能和海量信息库，我们可以实现对行业动态的持续追踪。

先确定你想获取信息的主要来源和平台，如财经媒体、行业网站、监管机构公告、社交媒体等。可以让 DeepSeek 根据关键词（如"新能源车""跨境电商"等）从多个新闻源自动筛选最新信息，并进行简单分类。

> 用户：
请从不同的渠道搜集"新能源汽车"的行业最新信息。

>DeepSeek：
截至 2025 年 2 月，中国新能源汽车行业呈现出强劲的发展势头。1 月，新能源汽车产量达到 101.5 万辆，销量为 94.4 万辆，同比分别增长 29% 和 29.4%。

然而，2024 年 12 月的新能源车国内零售渗透率为 49.4%，已连续 4 个月环比下滑，这是自 2024 年 7 月突破 50% 以来，首次跌至 50% 以下。

从区域竞争格局来看，2024 年 1~10 月，深圳以 28.53 万辆的销量位居第一，其次是成都和杭州，销量均超过 25 万辆。

企业方面，2024 年 1~11 月，前十家企业集团的新能源汽车销量合计为 964.1 万辆，同比增长 35.5%，占总销量的 85.6%。

展望未来，预计 2025 年中国新能源乘用车销量将达到 1578 万辆，同比增长 28%，渗透率预计达到 53.7%。

此外，随着政策支持和技术进步，新能源汽车市场需求将持续释放，行业整体竞争力有望进一步提升。

然而，市场也面临挑战。截至 2024 年 7 月 16 日，新能源汽车概念上市企业总市值为 9.95 万亿元，同比下降 14.05%，这可能与市场环境和企业业绩波动有关。

因此，企业须持续创新，提升产品竞争力，以应对市场变化。

总体而言，中国新能源汽车行业在政策支持、技术进步和市场需求的共同推动下，正稳步前行，未来前景广阔。

此示例并没有体现出来，实际上 DeepSeek 在回答的时候，同时会给出信息源的访问地址，这样就能确保我们得到的不是编出来的假信息。此外，也可以多一些设置，比如输入提示词"帮我生成一份过去 24 小时内的行业信息简报"或"汇总过去一周的关键新闻"，DeepSeek 就能定期输出动态汇总，让你保持对市场风向的敏锐度。

5.5.2 关键数据提取与解读

简报最重要的价值在于"让决策者迅速看到关键点"。如果只是一味地堆砌信息，很容易使简报变得烦琐、冗长。DeepSeek 可以在信息大海中帮助你聚焦最重要的数据与事实：

（1）明确数据目标

在提示词中，告诉 DeepSeek 你最关心哪些指标或领域。如果你所在领域有常用的 KPI（如活跃用户数、利润率、转换率、市场份额等），也要在提示词中明确点出，让 DeepSeek 优先关注并整合这些指标。

> 用户：
请筛选近一周同行业主要竞争对手的销售数据、营销动态以及新品上线信息。

> DeepSeek：
截至 2025 年 2 月 28 日，新能源汽车行业的主要竞争对手在销售数据、营销动态和新品上线信息方面有以下最新动态：

销售数据：
X 集团：在 2025 年 2 月 27 日的 X15 Ultra 与 XSU7 Ultra 新品发布会上，X 集团总裁表示，X 高端化战略已实施 5 年，成功站稳超高端市场。

营销动态：
X 集团：在同一发布会上，X 集团 CEO 强调，公司坚持技术立业，预计 2021 年至 2025 年 5 年间的研发投入将达到 1050 亿元，其中 2025 年预计投入 300 亿元，四分之一将用于 AI 及相关业务。

新品上线信息:

X 集团: 发布了 X15 Ultra 和 XSU7 Ultra 两款新品。其中, X15 Ultra 采用全等深微曲屏, 配备 2K 超清分辨率屏幕, 搭载骁龙 8 至尊版处理器, 6000mAh 电池, 支持天通卫星通信, 售价 6499 元起。XSU7 Ultra 推出两款车型, 标准版售价 52.99 万元, 纽北限量版 81.49 万元。

请注意, 以上信息主要来自 X 集团的官方发布。其他主要竞争对手在过去一周内未公开发布相关数据, 因此未能提供更多信息。

(2) 洞察与分析

除了列出数据本身, DeepSeek 还能结合上下文, 对竞争对手的动作或市场变化做初步分析。例如, 当竞争对手进行大规模促销活动时, DeepSeek 可为你预测可能带来的市场冲击。

如果你在多轮对话中输入了企业自身的数据或战略目标, DeepSeek 还能将其与行业数据做对比, 并给出差异或改进建议。

> 用户:

X 集团的这一次新品发布会, 将会对业界造成什么样的影响?

> DeepSeek:

X 集团于 2025 年 2 月 27 日发布的 X15 Ultra 和 XSU7 Ultra, 凭借其高端配置和战略定位, 可能对智能手机、新能源汽车及相关行业产生以下深远影响:

一、智能手机行业: 高端化竞争加剧

影像技术重新定义行业标杆

X15 Ultra 搭载徕卡联合调校的索尼 LYT-900 主摄(1 英寸超大底)和 2 亿像素三星 HP9 潜望长焦, 支持 10 倍光学变焦与暗光星空拍摄。结合康宁 GG7i 镀层技术, 解决了夜景 "鬼影" 问题, 可能推动其他厂商加速光学技术创新, 进一步强化高像素、多焦段、低光性能的竞争。

性能与续航标准升级

骁龙 8 至尊版, 3nm(纳米)工艺, 主频 4.32GHz, 与 6000mAh(毫

安时）金沙江电池的组合，不仅将安兔兔跑分推至 300 万以上，还实现了重度使用续航全天候覆盖。这或迫使其他品牌在芯片能效比和电池技术上投入更多资源，甚至引发行业对大容量电池的普遍需求。

卫星通信功能普及化

X15 Ultra 的双卫星通信功能支持无网络通话，可能加速卫星通信技术在高端机型中的渗透，促使更多厂商与卫星服务供应商合作，推动应急通信市场的成熟。

二、新能源汽车市场：挑战传统豪车格局

......

三、生态整合：推动跨行业协作

......

四、供应链与技术标准升级

......

五、品牌战略与市场认知重塑

......

总结：

X 此次发布既是技术实力的集中展示，也是生态战略的深度落地。短期内可能刺激智能手机和新能源汽车的高端市场竞争，长期则可能通过生态整合重塑行业协作模式。不过，其成功与否仍需观察市场对高价产品的接受度，以及供应链稳定性、技术持续迭代能力等挑战。

（3）简洁化呈现方式

简报要求信息紧凑，因此可以让 DeepSeek 以项目符号、分点陈述或数据表格等形式输出。比如，"第一部分：本周核心指标对比""第二部分：竞争对手新增动作分析"等，帮助阅读者一目了然。

5.6 实时翻译

在全球化的背景下，跨语言协作已成为许多职场场景的常态。无论是与海外分公司进行视频会议，还是与国际客户通过邮件沟通，都需要迅速、准确地理解对方的语言和意图。相比传统的翻译工具，DeepSeek 在多轮对话和语境理解方面展现出更强的"场景感知"能力，能让实时翻译变得更加自然和贴合实际需要。

5.6.1 邮件翻译

日常外贸业务、跨国合作或海外客服支持中，邮件交流最为常见。如果团队成员不熟悉目标语言，往往需要在各个在线翻译平台中反复切换、校对。

DeepSeek 可将你收到的外文邮件先行翻译成母语，供你快速理解其核心内容；再根据邮件场景和礼仪风格自动生成回复内容，从而提升邮件沟通的流畅度与专业度。

> 用户：

请将下面的邮件翻译为中文：

Subject: Request for Collaboration on Upcoming Project

Dear XYZ Solutions Project Team,

I hope this message finds you all well. I am reaching out to request your support for the new software implementation project scheduled to begin next quarter. Our primary objective is to streamline interdepartmental workflows and enhance overall operational efficiency.

To ensure that all teams are aligned, I have attached the initial project plan for your review. Please provide any feedback or suggestions by Friday. Once we collect everyone's input, I will schedule a short meeting next week to finalize the roadmap and assign tasks.

Thank you for your time and cooperation. If you have any

questions or concerns, please feel free to contact me at +1 (555) 123-4567 or email me at . I look forward to working closely with you on this initiative.

Best regards,

Lisa Smith

Senior Project Manager

ABC Tech Corporation

+1 (555) 123-4567 |

>DeepSeek：

主题：关于即将开展项目的合作请求

尊敬的 XYZ Solutions 项目团队：

希望大家一切顺利。我写这封邮件是为了寻求贵团队对下个季度即将启动的新软件实施项目的支持。我们的主要目标是简化各部门之间的工作流程，提高整体运营效率。

为确保所有团队的工作方向保持一致，我随邮件附上了初步的项目计划供各位审阅。请于本周五前提供任何意见或建议。我们将在汇总所有反馈后，于下周安排一次简短会议，以最终确定项目路线图并分配具体任务。

非常感谢各位抽出时间与配合。如果您对项目有任何疑问或需要更多信息，欢迎随时致电 +1（555）123-4567，或发送邮件至 [邮箱地址] 与我联系。我期待与各位在此项目中紧密合作。

此致

Lisa Smith

高级项目经理

ABC Tech Corporation

+1 (555) 123-4567 |

5.6.2 专业文本翻译

很多传统翻译工具在面对长句、口语化表达以及特殊领域术语时，常会出现理解偏差或生硬表达。DeepSeek 在大模型的支持下，能更好地识别上下文含义，并处理微妙的文化或语气差异。这一点对于一些专业领域还是比较好用的。

若文档中包含大量技术术语或行业专用词汇，你可以在提示词中明确"这是一个软件工程文档，请保持专业术语精确并保留英文原词在括号内"。这有助于避免重要概念在翻译过程中被误解或丢失。

> 用户：

下面是一份软件工程文档，请保持专业术语精确并保留英文原词在括号内，将其翻译为中文：

Software Requirements Specification (SRS)

Project Name: [NIGT]

Version: 1.0

1. Introduction

1.1 Purpose

This document outlines the functional and nonfunctional requirements for the [Project/Software Name]. It serves as a reference for the development team, stakeholders, and future maintainers, providing clarity on the scope, functionalities, and constraints of the project.

1.2 Document Conventions

Shall indicates a mandatory requirement.

Should indicates a recommended (but not mandatory) requirement.

May indicates an optional requirement.

1.3 Intended Audience and Reading Suggestions

This SRS is intended for:

Developers: to understand functional requirements and

constraints.

Project Managers: to plan deliverables and timelines.

Testers: to design and execute test cases.

Stakeholders: to validate that requirements align with business goals.

Readers unfamiliar with software engineering or technical terminology may refer to the Glossary in Section 7.

1.4 Project Scope

The primary objective of [Project/Software Name] is to [briefly describe overall goal, e.g., "streamline data processing and provide real-time analytics"]. The project will encompass:

Integration with existing systems

Implementation of core functionalities

UI/UX design for end-users

Ongoing maintenance and support

…

>DeepSeek：

软件需求规格说明（SRS）

项目名称: [NIGT]

版本: 1.0

1. 简介

1.1 目的

本文件概述了 [项目 / 软件名称] 的功能性和非功能性需求。它作为开发团队、利益相关方以及未来维护人员的参考文档，为项目的范围、功能和限制提供清晰的说明。

1.2 文档约定

Shall（必须）表示强制性需求。

Should（应当）表示推荐性（但非强制）需求。

May（可以）表示可选需求。

1.3 目标读者和阅读建议

本 SRS 文档面向以下读者：

开发人员：理解功能需求和约束。

项目经理：规划项目可交付成果和时间表。

测试人员：设计并执行测试用例。

利益相关方：验证需求是否与业务目标一致。

对于不熟悉软件工程或技术术语的读者，请参考第 7 节的术语表。

1.4 项目范围

[项目 / 软件名称] 的主要目标是 [简要描述整体目标，如 "简化数据处理并提供实时分析"]。项目范围包括：

与现有系统的集成

核心功能的实现

面向最终用户的 UI/UX 设计

持续的维护和支持

......

虽然目前已有了许多专业翻译工具，但大多数只能做静态的字面翻译，或许在句子层面还能做语义调适，但无法像 DeepSeek 一样进行多轮对话和场景联想。在深入了解背景信息之后，DeepSeek 的翻译结果更能贴合实际需求。

如果你手上还有额外的术语表或企业内部专属的词汇，可以在提示词中告知 DeepSeek，让其在翻译时优先采用一致的写法和含义，进一步提升专业度。

随着国际化合作模式不断深化和远程办公的普及，实时翻译不再只是一个附加功能，而成为许多岗位日常工作必备的高效率 "沟通桥梁"。DeepSeek 在语义理解、上下文记忆和场景联想方面的优势，使得它能够在跨国视频会议、国际邮件往来以及复杂文档处理场景中，提供更自然、更准确的翻译服务。通过持续对话和背景补充，你还能不断优化翻译效果，真正实现跨语言的无缝协作，让职场沟通 "零障碍" 成为可能。

第6章　行政管理与客户服务

6.1 合同模板定制

在企业或组织的日常运营中，经常会涉及各种类型的合同，如销售合同、采购合同、合伙协议、保密协议、劳务合同等。随着业务的发展与变化，手动编写或修改不同版本的合同不仅费时费力，而且容易因疏漏而导致法律风险。这一点对于个人来说其实更为重要，因为普通人在法律常识方面经常有所欠缺，借助 DeepSeek 的文本生成与智能分析能力，我们可以在"合同模板定制"这一环节实现显著的效率提升和风险控制。

6.1.1 条款组合

（1）需求输入

首先，你可以通过 Prompt 向 DeepSeek 说明需要定制什么类型的合同（如软件外包合同、OEM 合作协议、员工保密协议等），并附带简要的业务背景和已有条款意向。根据这些信息，AI 能够智能识别核心的法律要素和双方责任义务，在合同草稿中自动插入相应的条款结构。

> 用户：
请你帮我设计一份员工保密协议，我司具体的业务背景和条款意向如下：
一、业务背景示例
1. 企业性质与行业背景
公司名称：智 X 科技有限公司

行业：专注于企业数字化转型解决方案的软件开发与咨询行业

主要产品及服务：提供定制化企业级软件、SAAS平台及相应的数据分析咨询服务。

2. 核心知识与商业机密

软件源代码与算法：由公司独立研发的核心算法、程序代码、架构设计等。

客户信息与数据库：企业客户的业务数据与合作协议内容（包括价格、时长、项目规划等）。

商业模式与技术方案：公司在市场拓展、技术整合、客户对接等方面形成的独特竞争策略与经验。

内部管理与运营数据：内部研发流程文档、人力资源数据、财务数据等。

3. 用人模式与岗位敏感度

......

4. 风险与动因

......

二、已有条款意向示例

以下要点为草拟阶段的框架性条款，用于后续撰写正式的《员工保密协议》：

1. 保密信息的定义

列明"保密信息"的具体范围，包括但不限于：技术信息、客户信息、财务信息、运营数据、未公开的业务计划、内部管理文档、合作方信息等。

指明不属于保密信息的情形，如已在公共领域公开的信息、员工通过合法渠道在入职前已知的信息等。

2. 保密义务与责任范畴

明确约定员工应采取合理的保密措施（如签署保密承诺、不得私自复制或向外传输文件、离岗时归还一切资料等）。

规定何时、何种情况下可以对外披露信息，如基于法律要求或公司授权时（在获得明确书面同意后）。

扩展约束范围至离职后的一定年限，以及在离职后仍须遵守的保密纪律。

3. 知识产权归属

……

4. 竞业限制与限制性条款

……

5. 违约责任及纠纷解决

……

6. 协议的生效与存续

说明协议生效的时间，一般与劳动合同同时生效，或自签署日起生效。

特别强调保密义务在劳动合同终止后仍持续的期间（1～3年或双方协商的合理年限）。

>DeepSeek：

员工保密协议

甲方（公司）：智X科技有限公司

乙方（员工）：（姓名/身份证号）

第一条 目的和依据

为了维护甲方的合法权益，保护甲方的商业秘密和其他保密信息，明确乙方在职期间及离职后所应承担的保密义务，甲乙双方根据《中华人民共和国劳动合同法》《中华人民共和国反不正当竞争法》等相关法律法规，经协商一致，签订本保密协议。

第二条 保密信息的定义

1. 保密信息范围

甲方的技术信息：包括软件源代码、算法、技术文档、研究开发计划、系统设计方案、程序架构、测试数据、测试报告等。

甲方的业务和经营信息：包括客户名单、项目合作信息、营销策略、财务数据、投标方案、采购情况、内部管理流程、商业模式及任何未公开的业务策略等。

甲方的管理与运营信息：包括人事数据、薪酬福利方案、绩效考核标准、内部制度、管理流程、供应商信息及其他涉及甲方内部运营的资料。

其他甲方或其关联方以书面或口头形式明确标注为"保密""秘密"或具有实质保密属性的信息。

2. 非保密信息

符合以下情形的，则不视为保密信息：

已为公众普遍知悉、公开，且并非因乙方违反本协议而导致公开的信息。

乙方在入职前已合法获得的信息（需乙方提供合理证据证明其合法来源）。

甲方书面明确同意解除保密义务或对外公开的信息。

第三条 保密义务与责任

……

第四条 知识产权归属

……

第五条 竞业限制条款（如适用）

……

第六条 违约责任及争议解决

……

第七条 协议的生效与存续

……

（以下无正文）

甲方（盖章）：

法定代表人 / 授权代表签字：

签订日期：

乙方（签字）：

签订日期：

（2）基础条款与可选附加条款

针对不同类型的合同，有时会存在一些通用且必备的基础条款，如合同主体信息、合同标的、结算方式、违约责任、争议解决方式等。DeepSeek 可以根据你提供的需求快速生成这些"通用条款"。

此外，若某些合同需要特殊的附加条款（如软件外包中的知识产权归属、电子商务合同中的支付平台责任划分等），也可以提示 AI 在草稿中自动增添并进行相应的解释与示例。

> 用户：

请根据以下 5 点来为这份员工保密协议设计一份附加条款：

1. 针对特殊岗位、业务的补充规定。

2. 对保密工具与流程的进一步规范。

3. 加强对竞业限制或竞业补偿的规定。

4. 对违约责任的补充。

5. 与其他相关协议或公司制度的衔接。

......

>DeepSeek：

员工保密协议附加条款

根据《员工保密协议》（以下简称"主协议"）的约定，为进一步完善和细化乙方（员工）在特殊情形下的保密义务，甲方（公司）与乙方经充分协商，在主协议基础上签订本附加条款。本附加条款与主协议共同构成完整的保密约定，若本附加条款与主协议约定不一致的，以本附加条款为准。

第一条 特殊岗位及关键信息范围

适用范围

乙方现任或未来可能担任的涉及甲方核心技术、重要商业机密及重大客户资源的岗位，视为"特殊岗位"；具体岗位名单可由甲方在内部文件中另行列示，并由乙方签字确认。

......

第二条 信息安全与技术防护

......

第三条 特殊竞业限制与补偿（如适用）

......

第四条 违约认定及责任追究

......

第五条 与公司制度或其他协议的衔接

......

第六条 其他约定

本附加条款自甲乙双方签字或盖章之日起生效，与主协议具有同等法律效力。

本附加条款未尽事宜，依照主协议及相关法律法规执行；如本附加条款与主协议内容相抵触，以本附加条款为准。

双方对本附加条款的签署、履行、解释、争议解决方式，均适用主协议中关于争议解决的约定。

（以下无正文）

甲方（盖章）：

法定代表人／授权代表签字：

签订日期：

乙方（签字）：

签订日期：

（3）多轮完善

当初步的合同草稿生成后，你可进行多轮对话，告诉 DeepSeek 哪些部分需要合并、删除或重新编写，如"缩短付款周期""添加保密义务细节"等。通过不断迭代，你能迅速定制出更贴合实际业务需求的合同雏形。

6.1.2 合规性自动审核

法律合规与风险控制是合同编写过程中的重要部分。即使是已经定制好的合同模板，也可能因为行业法规更新或业务场景变化而产生漏洞或冲突。

可以让 DeepSeek "审阅" 你的合同草稿，它可以根据大模型中累积的法律文本与典型案例，识别出一些常见的风险点，如责任条款不明确、保密义务或竞业限制条款缺失等。下面我们就以最常见的一份房屋租赁合同为例。

> 用户：
请帮我审核一下这份房屋租赁合同中是否存在不合理的地方。

房屋租赁合同

出租方（甲方）：王某

身份证号：310××××××××××××××

联系方式：139××××8888

承租方（乙方）：陈某

身份证号：320××××××××××××××

联系方式：158××××9999

第一条 房屋基本情况

甲方将位于 ×× 市 ×× 区 ×× 街道 ×× 小区自建房出租给乙方，面积约 60 平方米（以实际使用为准），用途不限。

第二条 租赁期限

租期自 2023 年 11 月 1 日至 2024 年 10 月 31 日。租赁期满后，乙方须提前 3 个月申请续租，否则视为自动续租 1 年，租金由甲方单方调整。

第三条 租金及支付方式

月租金 3000 元，乙方须每月 1 日前支付至甲方个人支付宝账户；

逾期支付租金超过 3 天，甲方有权每日收取 500 元滞纳金，并立即收回房屋。

第四条 押金条款

乙方支付押金 6000 元。租赁期满后，若房屋无重大损坏，甲方可自行决定扣除部分押金作为"折旧费"。

第五条 房屋使用与维修

乙方不得擅自装修，若装修须向甲方支付保证金 5000 元；

房屋内所有设施损坏（包括自然老化）均由乙方承担维修费用。

第六条 合同解除

乙方提前退租须赔偿 6 个月租金作为违约金；

甲方提前收回房屋仅需口头通知乙方，无须赔偿。

第七条 其他条款

甲方可随时带人看房，乙方不得拒绝；

本合同争议由甲方所在地法院或仲裁委管辖；

乙方须提供身份证复印件、亲属联系方式供甲方留存。

>DeepSeek：

经过审核，发现此租赁合同存在以下问题：

问题 1：产权违法

根据《中华人民共和国民法典》第七百二十四条，未取得合法产权或建设许可的房屋租赁合同可能无效。

问题 2：续租条款强制

"自动续租"剥夺乙方选择权，违反自愿原则；

租金调整无标准，易引发争议（《中华人民共和国民法典》第七百三十三条）。

问题 3：违约金过高且程序违法

滞纳金每日 500 元（月租金 16.7%）远超法定上限（通常不超过 LPR 的 4 倍）；

未催告直接收回房屋违反《中华人民共和国民法典》第七百二十二条（须给予合理宽限期）。

问题 4：押金条款模糊

"折旧费"无明确计算标准，涉嫌变相克扣押金；

未约定押金退还期限（应明确如"退租后 7 日内退还"）。

问题 5：维修责任违法

《中华人民共和国民法典》第七百一十二条规定，房屋自然损耗应由甲方维修；

装修保证金无法律依据，涉嫌乱收费。

问题6：解除权严重失衡

双方违约金不对等（乙方6个月 vs 甲方0赔偿），显失公平；

解除合同未采用书面形式，举证困难。

问题7：隐私权与争议条款无效

"随时看房"侵犯乙方隐私权（应提前24小时书面通知）；

仲裁机构未明确全称，条款无效（《仲裁法》第十六条）；

超范围收集个人信息违反《中华人民共和国个人信息保护法》。

对于公司来说，DeepSeek 生成或审核的结果可作为法律团队的参考基础，提高整体审查效率，让律师聚焦在更核心、更复杂的法律问题上。而对于个人来说，生活中比较简单的合同交给 DeepSeek，它完全可以成为我们私人的法律顾问，帮助我们维护自身的合法权益。

6.2 面试流程设计

在企业招聘中，设计一套科学、高效且公平的面试流程至关重要。它不仅能够帮助企业精准识别人才，而且能为应聘者提供更好的体验。借助 DeepSeek 的文本生成和智能分析能力，我们可以从评估标准的智能搭建、问题库的自动生成到流程优化建议，全方位打造一套更专业、更系统的面试流程。

6.2.1 评估标准智能搭建

面试流程设计的首要任务是明确企业对候选人的评估标准。传统做法往往依赖人力资源团队或部门主管在经验中总结，但缺乏系统性和通用性。利用 DeepSeek 可以让这个过程更加清晰和客观。

（1）明确岗位画像

先向 DeepSeek 提供岗位说明书或部门负责人对该岗位的能力需求描述，让它帮助提炼出所需的核心技能、软素质以及相关经验指标。

> 用户：

接下来你需要帮我设计一系列的面试流程。首先从岗位画像开始，请你详细描述"高级数据分析师"所应具备的技能。

> DeepSeek：

以下是"高级数据分析师"在岗位画像中通常需要具备的核心技能和能力要点，供参考整理：

1. 数据分析与统计建模能力

掌握常用统计分析方法（描述统计、回归分析、假设检验、方差分析、时间序列分析等）。

熟悉机器学习基础算法（如决策树、随机森林、聚类、线性／逻辑回归、XGBoost 等），能根据业务场景选择恰当的算法。

具备一定的实验设计（A/B 测试）经验，能够根据业务需求搭建分析实验、验证效果并落地。

2. 编程与工具使用

熟练使用 Python、R 等数据分析常用编程语言，掌握相应的数据处理、可视化和机器学习库（NumPy、Pandas、scikit-learn、ggplot2 等）。

熟练使用 SQL 进行数据提取和处理，并具备优化查询性能的能力。

熟悉大数据相关工具，如 Hadoop、Hive、Spark 等，对分布式计算有一定的理解或实际操作经验。

掌握数据可视化工具（Tableau、Power BI、Looker 等）和报表工具，能够根据需求进行可视化设计和交互式数据探索。

3. 数据处理与数据工程

……

4. 业务理解与行业认知

……

5. 沟通与项目管理能力

……

6. 问题解决与创新思维

……

7. 安全合规与数据隐私意识

......

8. 软技能与领导力

......

这些要点可用于招聘中的岗位描述，或作为内部人才评估与培养的参考。对于不同规模、行业和业务模式的公司而言，侧重点会有所区别，但总体来说，高级数据分析师不仅需要扎实的技术背景，更需要拥有深刻的业务洞察和优秀的沟通、项目推动能力，从而实现"用数据驱动决策、创造价值"的核心目标。

（2）智能权重分配

当我们具备这些要素清单后，可以让 DeepSeek 结合企业的行业属性和岗位要求，自动建议每个维度的重要性权重。

如果这个岗位更偏向技术深度，那么"数据建模""算法实现"的权重需要较高设置；如果更注重跨部门合作，就需要提高"沟通表达"或"领导力"这部分的比重。

> 用户：

目前我们公司对分析师的编程能力有比较高的要求，请你等会儿提高这方面的权重。

>DeepSeek：

明白。编程能力被纳入了更高的权重，从数据处理、建模到可视化和项目部署，都要求"高级数据分析师"具备扎实的开发与工程化能力。这不仅能显著提高工作效率与准确度，也能让分析过程更加可复用、可扩展，为企业带来持续且可规模化的价值。

（3）多轮细化

在多轮对话中，你可与 AI 讨论每个评估维度的重要性，或根据以往成功员工的特质再次校准，确保最终的评估模型更切合公司实际情况。

6.2.2 问题库自动生成

明确了评估标准后，接下来就需要一套与这些标准匹配的问题库，以便在面试中精准考察候选人的能力和潜力。DeepSeek 可在此提供高效且富有针对性的"自动化创题"支持。

（1）生成基础试题

让 DeepSeek 根据之前的权重设置，生成基础的面试题。

> 用户：

请为"高级数据分析师"这个岗位生成面试题，注意技能需求权重。

>DeepSeek：

一、编程与工具（30%）

1.Python/R 基础与进阶

问题示例：

"请用 Python/R 实现一个函数，从给定的数字列表或向量中提取所有出现次数大于 1 的元素，并返回它们的频次。"

"如何在 R 中将一列因子(factor)类型的数据转化为数值(numeric)，其中可能会遇到哪些坑？"

考察要点：

对语言语法与数据结构的熟悉程度。

对常用库（Pandas、NumPy、tidyverse 等）的灵活运用。

代码可读性与可维护性。

2. SQL 与查询优化

……

3. 大数据处理与分布式计算

……

4. 代码管理与工程化

……

二、统计建模与机器学习（25%）

1.经典统计方法

……

117

2. 机器学习算法与应用

......

3. 模型部署与维护

......

三、数据获取与处理（20%）

1.ETL 过程与数据仓库／数据湖

......

2. 数据质量与监控

......

四、可视化与业务理解（15%）

1. 数据可视化与呈现

......

2. 业务场景与行业认知

......

五、项目管理与沟通能力（10%）

1. 项目流程与协作

......

2. 沟通与汇报

......

六、其他补充考量

数据安全与合规

"你对 GDPR 或其他数据合规要求有怎样的理解？在采集或处理数据时如何保护用户隐私？"

团队领导与指导（如有管理需求）

"带领初级分析师时，你会如何分配任务并进行指导？如何保证团队技能水平不断提升？"

使用建议：

多阶段面试

笔试／在线测试：先通过在线平台或笔试环节考核编程能力（Python／

R、SQL）和基本统计／机器学习知识。

技术面：重点关注候选人在编码实践、数据处理、模型应用方面的深度和广度。

综合面：与项目负责人或业务团队一起进行场景化面试，评估沟通协调、业务理解以及项目推进能力。

（2）开放式与情景式题目

在面试中，一些开放式、情景式题目能更好地展现候选人的思维过程与解决问题的能力。DeepSeek 能基于岗位画像，为每个维度生成多道题目，还可附带参考答案或评估要点，帮助面试官快速判断候选人回答的质量。

> 用户：

请帮我设计一些开放式的题目，并附上参考答案。

> DeepSeek：

1. 编程与工具

场景题 1

题目：

"假设你负责维护一个日常更新的报表脚本（Python 或 R），这个脚本每天凌晨会自动运行，从数据库提取前一天的数据并生成报表。最近业务同事反馈，报表有时会缺失一部分数据，导致他们难以及时获取完整信息。你如何排查并解决这个问题？"

评估要点：

排查思路：

是否会先查看日志，检查定时任务（如 Airflow、Crontab）的执行情况？

是否会考虑数据库连接是否超时或查询错误？

是否会考虑存在数据落地延迟，导致脚本执行时数据尚未准备好？

修复策略：

补偿机制：如果脚本运行失败或数据缺失，能否进行重试或延迟执行？

监控与告警：是否会设置自动提醒，当脚本执行异常时及时通知？

优化脚本性能：是否有查询优化、并行处理需求？

沟通与验证：

与业务同事沟通，确定关键数据的时效性与完整性要求

在解决方案上线后进行观察或测试，确保问题不再重复发生

场景题 2

……

使用建议：

逐题讨论：面试官可在面试中选取最能体现岗位需求的场景题，与候选人进行深入讨论，关注其思考过程。

追问与深挖：针对候选人的回答，持续追问"具体怎么做""为何这样选择""有没有更好的方案"等，评估其真正掌握程度和灵活应变能力。

评估维度交叉：若在编程题中也能看到候选人的沟通力或业务洞察，说明其综合素质更高。面试官可根据回答的深度对多个维度进行综合打分。

通过这些情景式、开放式的题目，面试官不仅能了解候选人的知识与技能，还能看到他们在真实项目场景中的思考与决策方式，有助于选出最契合岗位画像的高级数据分析师。

（3）持续更新与扩充

随着行业趋势、企业战略或岗位需求的变化，你可以让 DeepSeek 周期性地更新或扩充问题库，保证题目与时俱进，不至于长期使用同一套问题而导致考核失效或模式化。

6.2.3 流程优化建议

有了完善的评估标准和问题库，企业还需要一个科学的面试流程。这个流程既要方便面试官操作，也要让候选人在有限的时间里充分展示自己。DeepSeek 能通过分析面试目标、资源配置以及以往招聘数据，给出流程优化建议。

> 用户：

请帮我设计一个科学的面试流程，要包括面试环节的设计、面试官配置。

> DeepSeek：

以下是一个面向"高级数据分析师"岗位相对科学完整的面试流程示例，涵盖了面试环节的拆分、面试官配置以及每个环节的目标和评估重点。企业可根据实际情况进行灵活调整。

一、整体思路

1.分环节、分阶段考察

先通过简历筛选与初步沟通，排除明显不匹配的候选人。

后续在技术、业务、综合能力等方面逐步深入考察。

2.配置合适的面试官

专业面试官负责技术评估（编程、数据处理、机器学习等）。

业务团队／项目负责人考核业务理解、沟通及落地能力。

HR 或用人部门负责人考核文化契合度、团队协作、潜力和个人职业规划。

3.减少冗余、提高效率

每个环节都有明确目标，尽量避免重复提问，以保证候选人体验与面试效率。

在结束阶段及时评估并快速反馈，缩短招聘周期。

二、面试流程概述

下面是一种可行的 5 大阶段流程设计，从初步接触到最终定案，每个阶段包含相应面试环节及面试官配置。

阶段 1：简历筛选 + 初步沟通

1.简历筛选（Recruiter/HRBP 与技术负责人配合）

目标：

基于岗位画像（高级数据分析师）筛选出满足基本技术要求、项目经验或行业背景的候选人。

要点：

重点关注候选人在编程技能、数据分析项目经验、行业经验上的描述。

看候选人是否具备机器学习／统计建模经验，对高并发或大数据处理有无实践。

2. 初步电话／视频沟通（由 HRBP/Recruiter 进行）

......

阶段 2：技术笔试／在线测试

1. 在线编程／技术测试（可由数据团队技术负责人或高级数据工程师／分析师设计与评估）

目标：

快速评估候选人在编程（Python/R/SQL）和基本分析任务中的真实水平。

形式：

可使用在线平台或发送离线试题，让候选人自行完成。

题目示例：数据清洗、SQL 查询优化、简单的机器学习模型训练与结果评估等。

要点：

时间不宜过长（1 ~ 2 小时），避免过度消耗候选人的精力与降低其兴趣。

题目难度要与高级分析师岗位相匹配，有一定深度但仍以核心技能为主。

2. 测试结果评估（由技术负责人／指定评审组进行）

......

阶段 3：深度技术面试

......

阶段 4：业务面试 & 综合评估

......

阶段 5：

决策与 Offer 一般在最后一轮面试结束后 2~3 天内完成，及时反馈。

三、面试官角色与配置建议

......

四、时间与资源规划

......

五、总结

......

此流程既能保证对高级数据分析师所需技术能力的充分考查，也兼顾了业务与文化层面的综合评估，帮助企业在专业性与效率之间取得平衡。

"面试流程设计"并不只是制定几道面试题，或简单安排几个固定环节，而是一整套"评估标准＋问题库＋流程优化"的综合方案。利用 DeepSeek 的深度语义分析与智能创题能力，我们可以在短时间内构建更加科学、精准、有针对性的面试流程。再结合企业自身的管理模式和用人需求，可以不断完善并迭代，打造出一套兼顾效率与公平、既能吸引高质量人才又能有效筛掉不适合人选的招聘流程。

6.3 数据表格处理

在当今信息驱动的时代，企业或个人在日常工作中经常会接触到来自多个渠道、不同格式的数据——既有 Excel，也可能有数据库导出的文件，甚至还有从各大网站爬取的文本数据。快速整合并分析这些零散数据，往往能为决策和管理提供可靠的参考。借助 DeepSeek，我们可以让烦琐的数据处理流程变得更加简洁、高效。

6.3.1 多源信息整合

（1）多样化输入

无论你要处理的原始数据来自 Excel、CSV 文件，还是从 MySQL（数据库管理系统）等数据库中导出的 SQL 结果，抑或是文本格式（如网页数据、PDF 文本），都可在 DeepSeek 的多轮对话中进行分段或批量输入。

这样，DeepSeek 就能在统一的语义分析环境中对各部分信息进行整合，不再需要频繁地在不同工具和界面之间切换。

（2）智能字段匹配

当不同数据源在字段命名或格式上不一致时，DeepSeek 能够通过语义理解，自动尝试找到相似或重复的字段并进行归一化处理。例如，把 UserName、AccountName 都映射成"用户名"这个字段。

> 用户：

将两份 Excel 数据合并在一起，并把 UserName、AccountName 都统一映射为"用户名"列。

>DeepSeek：

用户名	列2	列3	列4	列5
Alice	A_Data2	A_Data3	A_Data4	A_Data5
Bob	B_Data2	B_Data3	B_Data4	B_Data5
Carol	C_Data2	C_Data3	C_Data4	C_Data5
David	D_Data2	D_Data3	D_Data4	D_Data5
Erin	E_Data2	E_Data3	E_Data4	E_Data5
Frank	F_Data2	F_Data3	F_Data4	F_Data5
Grace	G_Data2	G_Data3	G_Data4	G_Data5
Heidi	H_Data2	H_Data3	H_Data4	H_Data5
Ivan	I_Data2	I_Data3	I_Data4	I_Data5

已按照您的要求整理了表格。

在多轮对话中，如果合并结果存在歧义或冲突，你可以继续和 DeepSeek 沟通，让它精细化地调整或手动指定字段对应关系。

（3）数据规整与分类

在完成数据的初步对齐后，你可以让 DeepSeek 对整合后的数据进行初步分类或分组。比如，将同一时间段的数据放到一起，或根据产品 ID、用户 ID 进行聚合，以让后续的统计分析更加便利。

> 用户：

在我发送给你的积分 Execel 文件中，请将 2024 年 6 月至 2024 年 10 月的数据整合到一个表格内，按照用户 ID 进行排序。

> DeepSeek：

用户ID	日期	列3	列4	列5
10011	2024−10	Data3−1	Data4−1	Data5−1
10012	2024−07	Data3−2	Data4−2	Data5−2
10013	2024−08	Data3−3	Data4−3	Data5−3
10014	2024−06	Data3−4	Data4−4	Data5−4
10015	2024−09	Data3−5	Data4−5	Data5−5
10016	2024−07	Data3−6	Data4−6	Data5−6
10017	2024−10	Data3−7	Data4−7	Data5−7
10018	2024−08	Data3−8	Data4−8	Data5−8
10019	2024−06	Data3−9	Data4−9	Data5−9

已按照您的要求，将符合的数据列在了表格中。

6.3.2 数据清洗与简单统计

数据科学中有一句老话："80% 的工作在数据清洗。"在实际业务中，重复记录、不完整数据或异常值都可能影响统计结果的准确度。DeepSeek 能在一定程度上帮你自动检测并处理这些常见数据问题。

（1）自动去重

当你整合多个来源的数据后，可能会出现重复行或重复用户信息。在提示词中告诉 DeepSeek 要按照某些唯一字段（如"用户 ID""订单号"等）进行去重，它就可以在合并的过程里自动筛除重复行。

> 用户：

请清除下面表格中重复的数据：

用户ID	日期	列3	列4	列5
10011	2024-10	Data3-1	Data4-1	Data5-1
10012	2024-07	Data3-2	Data4-2	Data5-2
10011	2024-10	Data3-1	Data4-1	Data5-1
10014	2024-06	Data3-4	Data4-4	Data5-4

>DeepSeek：

用户ID	日期	列3	列4	列5
10011	2024-10	Data3-1	Data4-1	Data5-1
10012	2024-07	Data3-2	Data4-2	Data5-2
10014	2024-06	Data3-4	Data4-4	Data5-4

已为您删除了原表格中重复的部分。

如果存在类似"用户名拼写不同但是确属同一用户"的情况，你可以和 AI 进一步沟通，让它尝试通过"相似度"或"其他字段匹配"来实施更严格的去重策略。

（2）关键指标计算

在完成基本清洗后，你可以让 DeepSeek 对数据进行初步的聚合和统计，如"计算各产品线的月度销售额合计和同比增长率""统计各渠道的获客成本（CAC）""分析各用户群体的留存率"。

> 用户：

我所提供的表格中包含了渠道、投放／运营成本、渠道流量与转化数据等具体的数据，请你帮我统计各渠道的 CAC。

>DeepSeek：

以下是根据提供数据计算出的各渠道 CAC 结果，单位均为元／人：

腾 X 广告

投放费用：30,000 元

新增付费用户：200 人

CAC = 30,000 / 200 = 150 元 / 人

百 X 信息流

投放费用：25,000 元

新增付费用户：180 人

CAC = 25,000 / 180 ≈ 138.89 元 / 人

抖 X 广告

投放费用：20,000 元

新增付费用户：140 人

CAC = 20,000 / 140 ≈ 142.86 元 / 人

线下地推

投放费用：10,000 元

新增付费用户：50 人

CAC = 10,000 / 50 = 200 元 / 人

微 X 公众号推广

投放费用：15,000 元

新增付费用户：60 人

CAC = 15,000 / 60 = 250 元 / 人

汇总表：

渠道	曝光量	点击量	点击率（%）	投放费用（元）	新增付费用户	CAC（元/人）
腾X广告	200,000	7,000	3.50	30,000	200	150.00
百X信息流	150,000	6,000	4.00	25,000	180	138.89
抖X广告	100,000	4,000	4.00	20,000	140	142.86
线下地推	不适用（N/A）	不适用（N/A）	不适用（N/A）	10,000	50	200.00
微X公众号推广	80,000	2,400	3.00	15,000	60	250.00

通过以上结果，可以直观对比不同渠道的获客成本，进一步分析投放策略和优化空间。

对于需要较为复杂公式的指标，也可在多轮对话中让 AI 给出计算示例，并结合现有数据做出实时分析，省去自行编写脚本或函数的麻烦。

数据表格处理往往是一项琐碎却重要的工作，对数据整合、可视化和统计分析都有较高要求。DeepSeek 凭借其语义理解和上下文记忆功能，可以从数据的多源整合，再到清洗与简单统计分析，为你提供一站式的智能辅助。这样，团队无须在技术栈之间频繁切换，也能更迅速地得到整洁、准确的数据输出，为下一步的决策和业务策略提供坚实的依据。

6.4 培训手册制作

企业内部的知识沉淀与传承，往往需要通过系统化的培训手册来完成。无论是新人入职培训还是资深员工的技能提升，一本清晰易懂的培训手册都能显著提高学习效率和效果。借助 DeepSeek 的文本生成和智能排版建议功能，我们可以快速完成从专业知识整理到后续测试题库构建的全流程，让培训手册的制作变得更简洁、高效，也能满足不同受众群体的定制化需求。

6.4.1 专业知识转化教学材料

（1）知识点梳理

首先，根据培训目标和已有资料（如专家访谈、技术文档、案例库等），让 DeepSeek 帮助整理出核心知识点，并拆分成若干学习模块。

> 用户：
请将我提供给你的各文档内容进行整理，分成几个结构性模块。后续我要使用这个结构去培训我司的销售团队。

> DeepSeek：
可将这些内容分为四大模块：产品知识、销售流程、常见客户问题应对与售后与维护。可根据企业自身业务特点及产品特性进一步细化。

一、产品知识

……

二、销售流程

......

三、常见客户问题应对

......

四、售后与维护

......

（2）语言风格调整

深入分析你的受众群体，新人可能更需要浅显易懂的叙述方式，而高级技能培训更倾向专业术语和深层原理。DeepSeek 可根据提示将原本晦涩难懂的技术文档"翻译"成更通俗易懂的教学语言，并在必要处保留核心概念的严谨性。

> 用户：

请根据我所提供的材料写出"一、产品知识"中的产品概述部分，注意语言要在保障准确性的前提下做到易懂。

>DeepSeek：

以下是一份在"准确性"与"易懂性"之间平衡的产品概述示例，可根据实际产品特性进行调整：

1. 产品概述

1.1 产品定位与主要功能

......

1.2 市场前景与竞争优势

......

1.3 产品使用场景及典型客户群体

......

6.4.2 在线培训与测试题库生成

无论是线下纸质培训手册还是在线学习平台，配套测试题和复习题能有效巩固所学内容，并帮助管理者评估学习效果。

（1）自动生成题库

当你将关键知识点或学习目标输入 DeepSeek 后，可让它从每个模块中抽取相应考点并生成题目。例如：

选择题：用于概念理解、记忆检查。

判断题：帮助学员快速区分正误概念。

开放式问答：锻炼实际应用和灵活思考能力。

DeepSeek 会在题目后自动生成参考答案和简要解析，让学员在自学时也能自行检验。

> 用户：

请根据我所提供的资料生成"产品概述"部分的测试试题，题型包括选择题、判断题。

>DeepSeek：

以下是一份关于"产品概述"部分的测试试题示例，题型包括选择题与判断题。内容基于之前提供的产品概述信息，可帮助培训或自测时检验理解程度。

选择题

1. 关于本产品的主要功能，下列选项中哪一项不属于其核心功能？

A. 数据采集与清洗

B. 机器自动焊接与组装

C. 智能分析模型

D. 可视化报表生成

答案解析：本产品聚焦于数据管理与分析，焊接与组装显然不在其功能范围。

2. 以下哪一个选项最能概括本产品的市场定位？

A. 纯粹的财务报表工具

B. 专注于企业数据的收集、分析与可视化，辅助决策

C. 仅提供管理层 KPI 监控的单一功能

D. 专门为个人用户提供娱乐数据统计

答案解析：本产品面向企业或团队的综合数据分析与决策需求，选项 B 最为准确。

3. 以下哪种企业最可能成为本产品的典型客户？

A. 个人游戏主播，需要编辑视频的工具

B. 医疗团队，需要专业医疗设备检修服务

C. 制造业公司，需要对生产线数据进行实时监控与分析

D. 少儿培训机构，需要编写课程教案

答案解析：制造业公司在"需要对生产线数据进行实时监控与分析"的场景下，与本产品的功能需求最为匹配。

判断题

4. 本产品在市场中的最大竞争优势在于"大规模工业制造和装配能力"。

对（T）

错（F）

答案解析：错。本产品的优势在于模块化架构、灵活配置以及在算法和可视化交互方面的技术积累，而非制造或装配。

5. 本产品适合使用的场景包括：财务、运营、市场营销、产品团队，以及管理层的实时监控与决策支持。

对（T）

错（F）

答案解析：对。根据产品概述，以上部门和角色都能从数据分析和可视化中获得帮助。

（2）情景化案例题

对于一些复杂技能或需要实践经验的培训内容，如"客户沟通技巧""危机处理方案"，DeepSeek 可以生成情景模拟类题目，让学员在案例中进行角色扮演与解决方案思考。

这种方式更能激发学员对真实业务环境的感知和理解，也能让管理者发现潜在的人才特质。

> 用户：
请生成几道情景化案例题，用来测试学员的客户沟通技巧。
> DeepSeek：
以下是几道以情境模拟形式设计的案例题，旨在考察销售人员与客户沟通时的反应、应对方式及整体沟通技巧。每道题后附带若干参考要点，帮助评估回答的优劣与思路。

案例题 1：客户对价格敏感
情景描述：
你与某公司采购负责人在线上会议中谈到产品报价，对方表示"太贵"，质疑这个价格是否合理，并暗示他们考虑过更便宜的替代方案。
问题：
你如何回应对方对价格过高的顾虑？
在谈判过程中，你会通过哪些方式让对方重新审视产品价值？
评估要点：
能否先表示理解与尊重，再引导客户重视产品附加价值或长期收益。
能否明确阐述产品差异化优势、服务保障或成功案例。
是否会恰当运用谈判策略（如分期付款、优惠方案、总成本拆分）而不过度降价。
语言表达是否自信且不失礼貌，能兼顾客户需求与公司利益。

案例题2：客户产生技术疑虑

......

如何使用这些情景化案例题

模拟演练：在培训或考核中，可将学员分组，分别扮演销售或客户角色，展开情境对话，观察学员如何应对。

重点考察：

沟通逻辑：思路是否清晰，能否短时间内理顺客户需求及潜在顾虑。

说服技巧：是否注意倾听与共情，并能提供具体、具有说服力的方案或回复。

语言策略：用词是否恰当，态度是否礼貌自信，能否在避免冲突的同时达成目标。

复盘与反馈：针对不同学员的回答或表现，进行点评，指出优点和改进方向，使培训获得实质提升。

通过这些情境化案例题，销售团队能够在模拟演练中深化对产品价值及客户心理的理解，也能培养在复杂谈判、疑虑应对等关键时刻保持专业和灵活应变的能力。

制作一份系统且易于应用的培训手册，是保障企业内部知识传递和员工技能提升的重要手段。通过 DeepSeek 的多轮对话和创意生成，编写者可以在较短时间内完成从知识结构梳理、内容编排，到在线测试题库构建的多项工作。并且，DeepSeek 的定制化功能让同一个知识框架变换出适合不同受众层次的版本，既服务新人，又满足高级员工的深度需求，为企业内部学习生态注入源源不断的动力。

6.5 客服话术升级

客户服务在许多行业中扮演着至关重要的角色。从接收售前咨询、处理售后投诉，再到介绍产品与功能，客服一线所面对的问题和情绪可谓千差万别。若要提升客服效率与用户满意度，就需要一套全面、灵活且人性化的"客服话术升级"方案。借助 DeepSeek，你可以基于多轮对话模式自动生成"场景化对话模板"，并在情绪管理和 FAQ（常见问题解答）文档方面进行针对性优化，真正让客服在应对多变的用户需求时游刃有余。

6.5.1 场景化对话模板

在实际工作中，不同用户场景往往对应不同的话术逻辑。比如，有些用户只想询问产品特性，有些则面临故障需要技术支持，还有些可能因体验不佳产生投诉。DeepSeek 能帮助你分别整理各类场景，并基于多年行业案例与语言模型经验，为每个场景提供高质量的话术模板。

（1）常见用户问题

例如，对于"新用户咨询套餐价格与优惠"，可以让 DeepSeek 为你生成一段结构化的对话脚本：从欢迎语、产品介绍、优惠描述，再到引导用户下单或进一步了解。让每一句回应都清晰简洁，避免过度冗长或信息不足。

> 用户：

我司产品如资料内容所示，现在我需要设计一些客服的应答话术，先从"新用户咨询套餐价格与优惠"这一场景开始，请为我生成一段结构清晰的对话脚本。要求内容清晰且简洁。

> DeepSeek：

以下是一段围绕"新用户咨询套餐价格与优惠"的客服对话脚本示例，内容清晰且简洁，可供参考。您可根据实际业务及优惠政策进行相应调整。

1. 欢迎与问候

客服：您好，欢迎咨询 ×× 产品客服，很高兴为您服务。请问有什么可以帮您的吗？

用户：你好，我想了解一下你们的套餐价格以及现在有没有什么优惠。

2. 产品 / 套餐介绍

客服：好的，我们目前有三个主要套餐，分别是——

基础版：适合个人或小团队使用，包含基础数据分析和可视化功能。

标准版：适合成长型企业，除了基础分析，还支持自动化报表和多维度数据管理。

企业版：功能最完整，支持定制化需求和大规模数据处理，满足大型企业的高并发与多节点需求。

价格方面，基础版每月 X 元，标准版每月 Y 元，企业版需要根据实际需求定制报价。

3. 优惠说明

客服：

首单优惠：新用户首月可以享受 8 折优惠，之后恢复原价。

年付折扣：如果一次性年付，还可额外享受 9 折，即在原基础上再省一些费用。

拼单活动：如果您所在团队或部门有其他同事一起购买，可申请团购价，具体可根据人数进一步优惠。

引导用户下单 / 进一步沟通

客服：如果您对以上套餐和优惠有兴趣，我可以先为您发送一份详细报价及功能清单，您可以结合自己的需求和预算进行选择。之后只需在官网注册账号并选择对应套餐即可下单，支付完成后，系统会自动激活服务。如果需要协助操作或有更多疑问，随时联系我们哦。

用户：好的，谢谢，我先看看详细报价再联系你们。

客服：不客气！稍后会将报价和说明文档发送到您的邮箱。感谢您对××产品的关注，期待能尽快为您服务！

脚本要点：

欢迎语简洁友好，让用户感觉受到重视。

套餐介绍重点突出功能差异，帮助用户快速匹配需求。

优惠描述时直击新用户关注点，突出当前促销亮点。

引导下单避免强硬推销，提供进一步咨询与沟通渠道。

（2）投诉处理

用户投诉通常带有负面情绪，需要客服谨慎把握话术，既要表达理解与安抚，又要迅速给出解决方案。DeepSeek 可根据具体的投诉类型（物流延误、产品质量、售后态度等）生成具备"安抚—核实—给出方案—后续追踪"的四步式话术流程。

> 用户：

接下来是处理投诉的对话脚本。请你为我设计一段针对物流延误的对话脚本，流程为"安抚—核实—给出方案—后续追踪"。

>DeepSeek：

以下是一段针对"物流延误"投诉的客服对话脚本示例，包含"安抚—核实—给出方案—后续追踪"4 个关键步骤，可根据实际业务和系统支持情况进行相应修改。

1. 安抚（表明理解与歉意）

客服：您好，感谢您联系 ×× 客服。我是小李，非常抱歉给您带来不便。请您先别着急，我们会尽快帮您解决物流延误的问题。

客户：我已经等了好几天，还没有收到货，真是太慢了。

客服：我理解您的心情，物流时效出现问题确实令人着急。再次向您致歉，这确实不符合我们的服务标准。

2. 核实（确认订单与物流信息）

客服：为了帮您查明原因，请您提供订单号或手机号，以便我查询物流记录。

客户：订单号是 12345678。

客服：好的，请稍等，我马上在系统中为您查询……

（简短停顿）

根据系统显示，您的包裹于前天从库房发出，目前停留在本地分拣中心，似乎出现了运力紧张的情况。

3. 给出方案（解释 + 实质解决措施）

客服：非常抱歉，物流在分拣中心出现延误。我们会立即与物流公司沟通，争取尽快安排派送。

加急处理：我这边可以为您备注加急，请快递站点优先处理。

时效承诺：若包裹在 48 小时内无法送达，我们将为您提供相应的延误赔付，具体可抵扣下次购物或退回部分邮费。

选择退货 / 退款（如适用）：如果您急需相关商品，也可考虑办理退货 / 退款或更换其他紧急派送方式，但需视商品类型与库存情况而定。

客户：那我再等两天吧，如果还是没到，可得给我个说法。

客服：理解，您先看情况。如果到了 48 小时后包裹状态还未更新，您随时联系我们，我们一定会按承诺执行补偿或退货处理方案。

4. 后续追踪（确认跟进与反馈渠道）

客服：为了让您更安心，我会在系统备注中记录这次情况，并在 24 小时内再次查看物流进度，如果需要与您确认，我会主动与您电话或短信联系。请您保持手机畅通，如物流信息更新，我们也会第一时间通知您。

客户：好的，谢谢你，等你们的消息吧。

客服：不客气，这是我们的责任。给您带来困扰真的很抱歉，感谢您的耐心和谅解。如果还有其他需要帮助的地方，随时联系我们。

脚本要点：

安抚：先表达歉意与理解，缓解客户的焦虑或不满情绪。

核实：通过准确提取订单信息，查明具体问题。

方案：根据查询结果给出实际可行的解决措施与可选方案；对时效或补偿做出合理承诺。

追踪：承诺后续主动跟进，并提醒客户保持通信畅通，体现对客户需求的持续关注。

在多轮对话中，如果用户进一步质疑或态度激烈，DeepSeek 也能引导客服如何升级处理或申请上级主管介入。

6.5.2 情绪管理建议

客服人员经常会面对怒火中烧或情绪焦躁的用户，稍有不慎就会激化矛盾。在这类场景下，适度的共情和专业的应对思路尤其重要。

（1）情绪稳定技巧

DeepSeek 可输出一系列安抚话术或心理学小技巧。这些细节话术可以帮助客服在极短时间内缓解用户的负面情绪，为后续解决问题营造相对平和的对话氛围。

> 用户：
请给出一些安抚情绪激动的客户的对话技巧。

> DeepSeek：
以下是一组可以在客户情绪激烈时使用的安抚话术示例，以及一些源于心理学的应对技巧。此类话术与技巧可帮助客服人员在对话中既展现理解与关怀，也保持专业与解决问题的态度。可根据实际情况进行灵活调整。

一、安抚话术示例

1. 表达共情
"我明白您现在非常着急，换作是我，也会感到不安。"
"对不起，给您带来这么多不便，可以理解您的心情。"

2. 感谢与肯定
"感谢您告诉我们问题的具体情况，这对我们改进服务很重要。"
"您愿意花时间和我们沟通，说明您很希望尽快解决。谢谢您的理解。"

3. 反应焦点
"您的需求我已经清楚记录下来，我会尽全力帮助您找到最合适的解决方案。"
"我知道对您来说时间很关键，我这边会尽快给您答复，确保您不会再浪费更多时间。"

4. 承诺后续动作
"我先帮您核实详细情况，一定会在第一时间和您联系。"
"如果后面还有其他需求或问题，您随时联系我们，这是我们的责任。"

5. 积极转变语气

"我理解问题发生后给您带来的压力，不过请放心，我们一定会妥善处理。"

"让我们一起看看具体原因，再想想下一步怎么才能最快地解决。"

二、心理学应对技巧

倾听并复述（Active Listening）

······

三、实用小贴士

深呼吸与微停顿

客户大发雷霆时，客服可以在对话中给自己一秒钟做深呼吸，或者在回复前稍作停顿——这有助于保持清醒和稳定的情绪。

······

总结：

倾听和共情是第一步，让客户感觉到自己被理解，情绪自然能缓和一些。

专业与耐心是客服的基本功，通过清晰的后续措施与适当的提问，把对话拉回"解决问题"的轨道。

保持礼貌和尊重对双方都极其重要，当客户恶言相向时，也要在可能的范围内引导对方重回理性。

通过使用以上安抚话术和心理学技巧，客服人员可在面对怒火中烧或焦躁不安的用户时，更有效地缓解紧张情绪，引导对方回到问题本质，让对话走向积极的解决方向。

（2）投诉升级流程

有些情况下，用户的情绪需要长时间平复或涉及重大纠纷。可以让DeepSeek 根据行业惯例和公司政策，为你制定一套"多级处理"的流程，避免客服人员陷入长期拉扯的局面。

> 用户：
请帮我设计一套遇到重大纠纷时的多级处理流程。

>DeepSeek：

以下是一份在遇到重大纠纷（如较大金额争议、严重质量问题、法律风险等）时的多级处理流程示例。此流程旨在帮助企业快速、规范地应对严重投诉或纠纷，并避免客服人员与客户进行长期拉扯。可根据实际业务和组织架构灵活调整。

一、客服初步安抚与记录（Level 1）

1. 情绪安抚

目标：先缓解客户因纠纷产生的强烈负面情绪，避免局面进一步恶化。

话术示例：

"非常抱歉给您带来这样的困扰，我理解您的心情。"

"我先记录下您反馈的重点，并立刻汇报给上级部门加急处理。"

2. 问题确认与信息收集

目标：厘清争议焦点，确认纠纷的真实情况和严重程度。

内容：订单号、服务编号、争议金额或物品、关键时间节点、前期沟通记录等。

注意：确保所有细节都在系统中有据可查，并注明"重大纠纷"或"升级优先"。

……

二、部门经理或主管介入（Level 2）

……

三、专业团队或法务咨询（Level 3）

……

四、总结与复盘

……

使用建议

时效性：在重大纠纷处理上，效率十分关键。无论在哪个级别，都需要有明确的响应时限，尽量在客户可接受范围内完成。

权限分级：客服、主管、法务在各自级别拥有不同处理权限。明确的权限分级能保证客服不陷入"无法决定"的尴尬，也让客户感到问题正在被严肃对待。

沟通记录：在每一级处理过程中，务必保留完整文字或语音记录，减少扯皮或信息不对称情况。

重视舆情：重大纠纷若未及时或妥善处理，可能引发舆情事件。必要时可与公关团队协同，共同制定危机处理策略。

通过以上多级处理流程，客服可在遇到重大纠纷时迅速安抚客户并记录信息，在权限或专业能力不足时及时升级处理，转给主管或专业团队，这样既保护员工个人，也保证公司对突发问题的高效、合规应对。

"客服话术升级"不仅关乎企业形象与品牌口碑，而且在很大程度上影响消费者的购买意愿和忠诚度。通过 DeepSeek 的多场景话术生成、情绪管理建议，客服团队可以迅速提升服务质量与应对效率，同时减轻员工在高强度沟通下的负担。最终，这种兼具"人性化"与"智能化"的客服体系，将为企业和用户带来双赢的体验与口碑。

第 7 章　DeepSeek 应用拓展

7.1 PPT高效制作：DeepSeek+通义千问

在现代职场中，PPT 演示文档常常是汇报、会议和产品展示的核心"视觉载体"。然而，传统的 PPT 制作往往需要花费大量时间在内容构思、排版设计和图表美化上。借助 DeepSeek 在内容生成和结构规划上的优势，以及通义千问演示文档 / 设计工具在视觉呈现与协同上的功能，我们可以轻松打通"内容—设计"的跨平台协作，实现从初稿到美观成品的高效创作流程。

7.1.1 登录通义千问

通义千问是阿里巴巴集团旗下的阿里云公司推出的一款人工智能工具。我们首先登录它的首页。

如果想要使用它的各项功能的话，需要先行注册 / 登录。

登录后即可正常使用。

7.1.2 PPT 生成助手

打开通义千问的首页，在其中部靠下位置的"PPT 创作"就是 PPT 生成助手的入口。

点击后即可进入 PPT 创作页面。在这里可以选择 PPT 模板，以及输入 PPT 大纲。下面我们就需要 DeepSeek 生成内容来无缝对接到通义千问中了。

7.1.3 生成 PPT 内容

我们可以在 DeepSeek 中完成演示大纲、要点文案或者相关数据可视化思路，然后把这些内容导入通义千问。先让 DeepSeek 为你生成 PPT 的整体结构与文字框架。例如，"引言—市场背景—产品优势—数据展示—结论与下一步计划"，并辅以简要文案。

> 用户：

请帮我生成一份 PPT 大纲，题目为《国企单位年终总结汇报——年度回顾与展望》。整体分为年度工作概览、重点业务进展、内部协作与团队建设、个人发展与自我反思、明年规划与愿景这五个大部分。

> DeepSeek：

以下是为您整理的 PPT 大纲，结构清晰，内容饱满，适合正式的年终总结汇报：

《国企单位年终总结汇报——年度回顾与展望》

PPT 大纲设计

一、年度工作概览

1. 年度工作目标回顾

年初制定目标简要说明

整体目标达成情况概述

2. 主要工作成果展示

财务指标与经营状况回顾

项目实施与完成情况

3. 面临的主要挑战与应对措施

年内遇到的突出困难

关键问题的解决方案及经验总结

二、重点业务进展

……

三、内部协作与团队建设

……

四、个人发展与自我反思

……

五、明年规划与愿景

......

希望以上大纲能帮助您顺利完成年终汇报！如需进一步调整或细化，请告诉我。

在 DeepSeek 输出完成后，你可以直接复制文本，将其导入通义千问。点击"下一步"，通义千问就会按照要求生成 PPT 大纲。

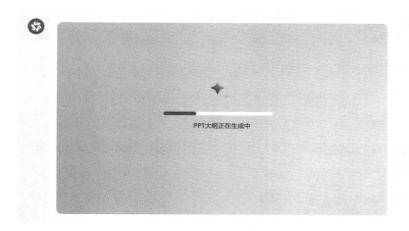

等待片刻，即可进入大纲编辑页面。

我们所设置的大纲就会按照图中的样式被排布出来。如果有需要修改的部分，也可以在这个页面中进行修改。完成后，点击"下一步"。

此时我们就得到了一份 PPT 模板。

接下来我们让 DeepSeek 继续填充更加细节的文字部分。

> 用户:

根据我发送给你的材料，用 50 个字写出"年初制定目标简要说明"的内容。

>DeepSeek :

年初根据集团战略规划，明确全年经营发展目标，细化责任分工与落实方案，聚焦主营业务提质增效，确保各项指标顺利完成。

这样，我们一步一步将细节内容填充进去，就得到了一份正式的 PPT 文档。

PPT 制作不再需要在"内容构思—排版设计—视觉美化"三个步骤上投入大量的人力和沟通成本。通过让 DeepSeek 与通义千问等工具协作，个人可以形成一套高效的"先内容、后设计、再微调"的完整流程。DeepSeek 能快速整理出具有逻辑性和说服力的文本与数据大纲，通义千问则在可视化表达和协作方面提供直观、便捷的设计环境。最终呈现的 PPT 不仅专业美观，而且能够充分展现项目核心价值或产品优势，让所有观众在第一时间抓住重点，提高沟通效率与决策质量。

7.2 思维导图构建：DeepSeek+Xmind

思维导图是一种能够可视化地展现知识结构、项目框架或创意思路的工具。在项目管理、学习笔记和方案策划等各种场景下，思维导图都能帮助我们"透过现象看本质"，把零散的想法或资料统筹起来，构建一套更直观、更系统的知识脉络。通过将 DeepSeek 的内容梳理能力与 Xmind 等思维导图软件结合，我们不仅可以在短时间内获得高质量的"知识框架"或"项目分解"，还能将其以思维导图的形式呈现在视觉化界面中，便于多人协同和迭代更新。

7.2.1 登录 Xmind

进入 Xmind 的主页。

点击"创建在线导图"，会跳转到注册/登录页面。

注册完成后，跳转到工作台首页。

点击"新建导图"，进入导图创作页面。接下来我们使用 DeepSeek 来生成具体的导图内容。

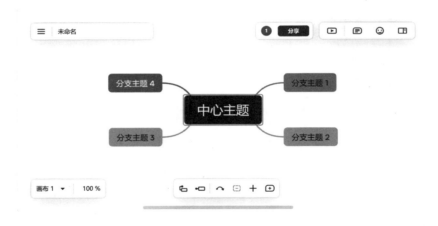

7.2.2 生成导图内容

在构建思维导图之前，我们需要先搞清楚主题、主分支、子分支以及可能衍生的更多层级内容。DeepSeek 在这里可以发挥大模型对文本与知识结构的理解能力。

（1）输入原始资料

你可以把项目文档、学习笔记或策划思路按段落、条目等方式输入 DeepSeek，告诉它你想搭建一个什么样的框架。

DeepSeek 会在多轮对话中反复分析并吸收这些内容，生成一个初步的分层结构，让你能够快速看到主要板块和子板块。

（2）输出框架与关键词

根据你的目标需求和提示词，DeepSeek 会自动提炼出"中心主题—分支主题—子分支要点"等层级。这些要点通常以简明扼要的关键词或短句形式呈现，方便后续在 Xmind 中快速创建节点与分支。

> 用户：

请按照层级，帮我提炼一个高中数学的知识脉络。按照"中心主题—分支主题—子分支要点"等层级的结构来输出，输出为 markdown 文本格式。

> DeepSeek：

以下是一份按照"中心主题—分支主题—子分支要点"层级输出的高中数学知识脉络示例，以便整体梳理高中阶段所学内容。可根据具体教学进度或教材版本进行适当调整、增删。

markdown

1. 集合与逻辑

1.1 集合的概念
- ** 子分支要点 **
- 集合的定义与表示方法（罗列法、描述法）
- 子集、真子集及集合之间的关系（包含、相等）
- 空集、全集
- 集合运算（并集、交集、补集等）

1.2 命题与逻辑
- ** 子分支要点 **
- 命题的概念、真假判断
- 逻辑连接词（且、或、非、若则、当且仅当）
- 四种命题形式（原命题、逆命题、否命题、逆否命题）及相互关系
- 简单逻辑推理与验证

......

9. 导数与微积分初步（部分地区／教材）

> ** 注 **：此部分在某些版本或地区的高中课程中会有不同深度的介绍，或仅作为拓展内容。

9.1 极限与导数
- ** 子分支要点 **
- 极限概念与函数连续性
- 导数的概念、几何意义
- 基本求导法则（幂函数、指数函数、对数函数、三角函数）

9.2 导数的应用
- ** 子分支要点 **
- 切线问题与变化率问题
- 函数单调性与极值、最值判定
- 慢速介绍积分概念（若涉及）

新建一个文本文档，将 DeepSeek 生成的 markdown 格式的内容复制到文档之中，点击保存。

```
## 1. 集合与逻辑

### 1.1 集合的概念
- **子分支要点**
  - 集合的定义与表示方法（罗列法、描述法）
  - 子集、真子集及集合之间的关系（包含、相等）
  - 空集、全集
  - 集合运算（并集、交集、补集等）

### 1.2 命题与逻辑
- **子分支要点**
  - 命题的概念、真假判断
  - 逻辑连接词（且、或、非、若则、当且仅当）
  - 四种命题形式（原命题、逆命题、否命题、逆否命题）及相互关系
  - 简单逻辑推理与验证

---
```

之后将文件后缀由 .txt 改为 .md，这样我们就得到了一份 markdown 格式的思维导图文件。

7.2.3 导入文件，生成思维导图

接下来回到 Xmind 中。点击左上角的菜单按钮，进入"导入文件"页面。

选择刚才的 .md 文件。

　　点击"导入"，这样一来，在 Xmind 中，就能把这些关键节点转换成可视化的思维导图。

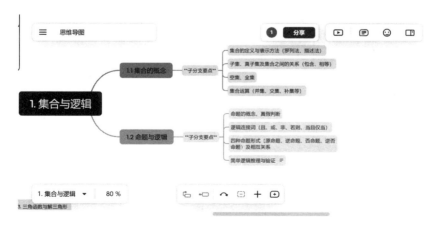

将 DeepSeek 与 Xmind 相结合，就能让思维导图的"前期脑暴"和"后

期可视化"两个环节更加高效且富有逻辑性。DeepSeek 的文本分析与框架搭建能力可大幅减少你在梳理信息、总结要点时的反复劳动；而 Xmind 则能把抽象的"树状结构"转变为生动的图形化页面，提升团队沟通效率与整体认知深度。无论你是在进行项目管理还是撰写学习笔记、策划方案，都可通过这套流程，让"从无到有的逻辑结构"更快成形，并在云端协作中不断演进。

7.3 海报设计自动化：DeepSeek+即梦

在营销推广、活动宣传以及品牌视觉形象建设中，海报通常扮演着"第一印象"的重要角色。借助"DeepSeek+ 即梦"这一组合，我们可以在短时间内完成从创意文案到海报成品的自动化流程。DeepSeek 提供灵活且高质量的文案与设计思路，而即梦则能根据这些思路快速输出视觉效果专业、符合审美需求的海报设计。通过二者的融合，既能保证"创意 + 风格"两大要素的整体统一，也能在批量生成上实现显著提速。

7.3.1 即梦简介

登录到即梦的官网首页，它有几部分的功能，我们这里主要使用的是"AI 作图"功能。

简单注册之后，点击进入 AI 作图。

在主界面中，左上方就是我们输入图像生成提示词的地方，右侧则是预览区域，后面我们生成的图像可以在这里进行查看。

7.3.2 海报生成

在 DeepSeek 中输入具体的海报需求，并让它按照提示词的格式来生成描述。

> >用户：
> 请帮我设计一幅海报，内容是环保主题。
> >DeepSeek：
> 一张以"节约水资源"为主题的公益宣传海报，整体设计简洁清新，采用蓝色和绿色为主色调，画面中包含水滴、绿叶和地球元素，配以醒目的中文宣传标语，布局简明舒适，视觉效果突出环保理念，适合公众宣传与教育场景使用。

在得到 DeepSeek 为你生成的初步文案后，你再通过多轮对话细化文案要素，如标题、核心卖点、行动号召等，使文字部分更具吸引力和场景关联度。

然后，只需要将 DeepSeek 生成的文案文本复制到即梦的图像生成界面，让其参考提示词生成，即可得到一组很不错的海报。

　　海报设计自动化的核心价值在于整合了"文案创意 + 视觉呈现"两大要素。一方面，DeepSeek 能在短时间内理解和产出高质量的宣传语言和创意思路；另一方面，即梦则善于将这些创意以专业水准的视觉设计呈现出来，生成美观统一的海报。二者的协同使得宣传物料的制作从"烦琐、低效"转变为"便捷、高效"，既降低人员时间成本，也提升了输出品质和创意的落地速度。在需要多版本、跨语言、跨平台的场合，批量生成更能显著放大这种优势，让企业或个人都能在丰富的视觉方案中快速找到最契合目标受众和品牌形象的海报设计。

7.4 短视频创作：DeepSeek+剪映

　　随着短视频平台的迅速崛起，越来越多的企业与个人都希望通过短视频来传递信息、展示产品或记录日常。得益于 DeepSeek 在内容生成与逻辑规划上的优势，以及剪映等视频剪辑工具在后期处理与特效上的便捷功能，如今短视频创作可以走上一条"更高效、更有创意"的道路。

7.4.1 剪映简介

　　剪映是一款非常简便的剪辑工具，除了剪辑之外，它也提供一些短视频的快速生成功能。今天我们要用到的就是它的"图文成片"功能。

　　使用剪映需要先将其下载到自己的电脑中，完成安装后，其初始界面如下：

　　在初始界面的右侧区域，"开始创作"的意思是新建一个剪辑工程，下方则是一些更为快捷的剪辑功能。选中第二个"图文成片"。

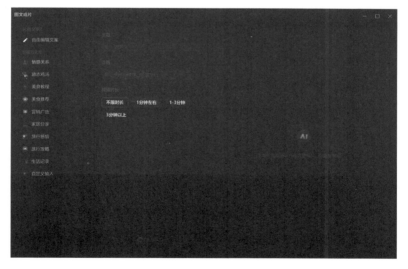

　　在"图文成片"中，我们可以通过设置主题、次级话题以及视频时长，让剪映帮我们生成视频文案。但这里我们希望能够更加细致地控制生成结果，所以使用 DeepSeek 作为写文案的 AI。点击左上方的"自由编辑文案"选项即可进入编辑界面，但这里我们先回到 DeepSeek，把需要的文案做出来。

7.4.2 文案生成

短视频的文案比较特殊，要设置得精细一些。

> 用户：

我正在写一篇短视频的文案，内容是励志类型。请你先帮我列举一些选题的方向。

>DeepSeek：

以下是几个适合短视频励志文案的选题方向：

1. 自我成长类

如何摆脱迷茫，找到人生方向

学会与过去和解，拥抱更好的自己

坚持的力量，成功路上的必修课

2. 逆境重生类

从失败中走出来，创造新的奇迹

低谷并不可怕，关键看你如何逆袭

没有熬不过的坎儿，只有更强大的你

3. 梦想追逐类

别轻易放弃梦想，未来值得你去拼搏

每个平凡的人，都有不平凡的梦想

实现梦想，从敢想敢做开始

4. 职场励志类

年轻人职场迷茫怎么办？找到你的竞争力

如何在职场上保持积极向上的心态

面对职场压力，你要做的只有一件事：行动起来

5. 人生智慧类

改变人生的三个习惯，你坚持了吗

你要悄悄拔尖，然后惊艳所有人

别让懒惰偷走你的精彩人生

请告诉我你更感兴趣的方向或希望深入展开的主题。

在没有特定要求的情况下，一般短视频的创作都要从确定选题开始。我们给 DeepSeek 一个大致的创作方向，让它给出更加具体的创作选题。

确定选题后，将其交给 DeepSeek，并告知 AI 具体的创作要求，这样就能得到一份可用于短视频制作的旁白文案了。

> 用户：

我选择"别轻易放弃梦想，未来值得你去拼搏"这个选题。请你创作一篇 200 字左右的短视频旁白文案，内容要积极向上。

>DeepSeek：

当你的才华还撑不起你的野心时，你就应该静下心来学习；当你还不能实现自己的梦想时，那你就应该努力地工作。

我们都是没有背景的人，但我们可以背靠梦想。不要因为一时的困难就轻言放弃，你要知道，只有熬过了低谷期，你才能到达人生的巅峰。

在追梦的路上，你一定会遇到很多困难，甚至是嘲笑，但是你要记住，别人有的，你也一样可以拥有，只是时间问题而已。

所以，请永远相信，所有的努力都不会白费，它都会在你看不见的地方，默默地滋养着你，总有一天，你会看到它的。

加油吧！少年们，梦想终会照进现实！

7.4.3 快速生成图文视频

现在我们回到剪映中，将这段文案输入文案编辑中。

在右下角选好要用的旁白音色，然后点击"生成视频"。

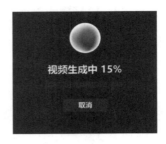

等待一段时间，剪映就能自动把视频做好。

最后将视频导出，我们就得到了一个完整的短视频。

短视频因其高传播力与即时吸睛的特质，已成为众多企业与个人进行宣传、教学或记录生活的重要方式。借助 DeepSeek+ 剪映这条智能化创作链，我们只需要控制脚本内容的生成，就可以批量地生产出短视频了。这样的流程不但提高了出片速度，而且帮助作品在叙事节奏与视觉效果上达到更高水准，让你在短视频大潮中脱颖而出。

第三部分

DeepSeek高效学习实战

第8章 打造自己的专属良师

8.1 课程框架解构

在任何学习活动中，清晰的课程框架都是高效学习的基础。它能帮助我们快速了解学科知识的全貌，明确哪些部分是核心、哪些是扩展，进而在学习过程中有的放矢、循序渐进。借助 DeepSeek 的智能分析和梳理能力，我们可以将教学或自学所需的海量信息转化为一张"知识地图"，并结合学习目标管理机制，使得整个学习过程更可视、可控、可量化。

8.1.1 知识体系可视化梳理

无论是教师备课，还是学生自学，想要弄清楚一个学科、课程体系，首先需要对教材或参考资料进行分类整理。若信息量庞大、概念相互交织，人工拆分就会异常费力且容易遗漏要点。

（1）输入课程目录

将课程大纲或相关参考资料的目录、章节或主题要点输入 DeepSeek，让它对这些内容进行多轮对话式分析。DeepSeek 可从中提取共通的核心概念，列出主要模块或章节，并指出各个模块之间的依存或递进关系，帮助你形成一幅课程全貌的"知识地图"。

电子版教材大多可以在网络上找到资源，下面就以人教版教材为例。进入官网首页后，就可以在其中找到电子版教材的入口。注意，寻找链接的时候一定要是官方网站，不要进入其他广告链接。

任意选择一个科目，点击后即可进入教材选择页面。这里不用过于精确，在下一个页面中再去找想要的科目。

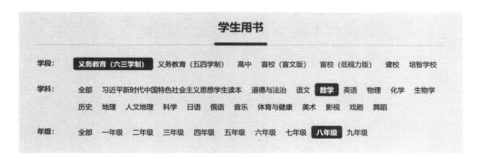

在这个页面中，我们可以非常准确地找到需要的教材。选择适合的学段、年级，再选择对应的科目即可。

打开教材（注意区分上下册），用识别软件识别目录，或者手工把目录写下来也可以，然后交给 DeepSeek，让其分析这个目录。

> 用户：

下面是八年级上册的数学教科书目录，请你帮我找出各个模块之间的依存关系：

第十一章 三角形

······

第十二章 全等三角形

……

第十三章 轴对称

……

第十四章 整式的乘法与因式分解

……

>DeepSeek：

下面给出一个梳理各章内容之间联系的思路。可以将其理解为一个从几何到代数、从基本概念到综合应用的层层递进的结构。

模块一：三角形（第十一章）

……

小结：第十一章主要是为认识三角形的基本性质及其在多边形中的地位打下基础。在此过程中，学生逐步积累了三角形边与角等基本几何要素的知识，这些知识是理解"全等三角形"和"轴对称"几何思想的起点。

模块二：全等三角形（第十二章）

……

小结：第十二章基于第十一章的三角形知识，正式学习三角形"全等"和相关性质，强调如何用"全等"来解决几何问题，并为后续"对称"与"等腰三角形"等概念做铺垫。

模块三：轴对称（第十三章）

……

小结：第十三章结合前面三角形的各种性质，将几何学习拓展到对"对称变换"的深入理解与应用。同时强调把几何思想用于解决真实或探究性问题的能力培养。

模块四：整式的乘法与因式分解（第十四章）

……

小结：第十四章集中于代数技能的提升：用"整体—局部、合并—拆分"的思路对多项式进行乘法与分解。与之前的几何章节虽然内容形式不同，但同样运用了类似的思维方法（如对称、分解与组合），体现出数学思想的一致性。

总体结构与依存关系概览

三角形基础（第十一章）

认识三角形内在要素（边、角及其在多边形中的位置）。

为"全等三角形""等腰三角形"以及多边形综合问题打下基础。

全等三角形（第十二章）

三角形的进一步研究：判定全等的条件、角平分线性质等。

与三角形的边角知识形成递进关系，为"轴对称"下的图形对称性、特殊三角形性质做准备。

轴对称与特殊三角形（第十三章）

以几何变换（对称）为主线，联系全等思想，探究等腰三角形等特殊图形。

体现几何综合应用（如最短路径），将前面章节的边角知识、全等、特殊线段性质相融合。

整式乘法与因式分解（第十四章）

从几何回到代数，以"乘法—因式分解"的思路完成多项式运算体系。

与之前章节在"数学思想"层面的呼应：对称、分割与组合、由局部到整体等方法依旧适用。

通过以上脉络，我们可以将四章内容分别理解为"几何基础—几何深化—几何变换—回归代数"的学习循环。每一模块都在前一模块的概念与技能之上进一步拓展，同时也为后续更综合的数学探究提供了方法与思维框架。这样就能形成一幅较为清晰的"知识地图"。

（2）识别课程重点

让 DeepSeek 根据教学目标、学科特点，识别哪些章节和知识点是需要重点理解的。

我们还可以让 DeepSeek 给出对应重点在实际运用中的常见误区、易混淆点，从而在教学或自学时重点关注。

> 用户:

这本教材中，哪些内容是需要重点关注的?

>DeepSeek :

以下是结合各章内容和课程目标，给出的相对来说需要"重点关注"的内容与核心概念，供复习和教学时着重把握。当然，教材中的任何知识点都有其价值，以下重点更多的是从考试要求、知识体系衔接、思维培养等方面给予建议。

第十一章 三角形

1. 与三角形有关的线段

重点关注: 三角形中的高、中线、角平分线等"特殊线段"的定义和基本性质。

理解这些线段与三角形面积、边角分析的联系，为后续全等或相似问题打好基础。

2. 与三角形有关的角

重点关注: 三角形内角和、外角等基本性质。

三角形的外角和内角之间的关系常出现在几何推理与计算中，尤其外角定理("三角形一个外角等于与它不相邻的两个内角的和")在解题中十分常见。

3. 多边形及其内角和

重点关注: 利用三角形推导多边形内角和公式的思想过程，而不仅是记忆公式。

要熟练掌握并能灵活应用各种多边形内角和以及常见的计算与推理方法。

第十二章 全等三角形

......

第十三章 轴对称

......

第十四章 整式的乘法与因式分解

......

小结与建议

几何部分（第十一至十三章）

重点把握"特殊线段、三角形的边角关系、全等判定、轴对称、等腰三角形"等主干知识。

强调"几何推理"与"证明思路"，多动手练习画图、找关键条件、运用定理进行严谨推理。

留意现实应用（如最短路径问题）中的几何变换思想。

代数部分（第十四章）

重点夯实运算技巧与公式应用，熟练而准确地完成多项式乘法和因式分解。

注重对常见形式的识别与灵活变形，保持对代数表达式结构的敏锐度。

巩固"由表及里"的思考习惯：遇到多项式时先观察能否因式分解，或在运算中逆向思考，从而减少烦琐步骤并提高解题效率。

总体而言，这几章中的"重点关注"内容都有较强的衔接性与应用价值：前面几何知识为全等与对称做铺垫，全等与对称思想又常用于实际几何推理和最短路径等应用；代数部分则强化运算基本功与表达式处理技巧。只要在学习过程中注重将这些关键知识点融会贯通，就能在解题与综合应用方面达到更高水平。

（3）知识点关联与拓展

有些课程或学科具有较强的交叉性，比如生物与化学、数学与物理等。DeepSeek 可以根据你提供的学习目标进一步挖掘知识点之间的横向、纵向关联，从而为后续深入学习或开展综合型项目打好基础。

> 用户：

这本书的内容，与之后的数学学习以及其他科目有着怎样的关联？

> DeepSeek：

在学习完这本教材（八年级上册的几何与代数内容）之后，学生所掌握的几何、代数基础不仅会在后续的数学课程中发挥关键作用，也能与其他学科知识形成联动。下面从"数学后续内容"与"其他学科应用"两个角度，说明可能的延展与联系。

一、与后续数学内容的联系

1. 几何深化：从三角形到更复杂的图形与变换

相似三角形、四边形及圆的性质：在后续课程中会继续深入研究多边形，尤其是平行四边形、矩形、菱形、正方形等特殊四边形，圆的相关定理等。

几何变换与综合应用：在学过全等与轴对称后，还会学习平移、旋转、中心对称等更多类型的变换，并将它们与"相似""全等"结合起来解决复杂的几何问题。

2. 三角函数与解析几何：高中会学习三角函数、解三角形（正弦、余弦、正切等），以及在平面直角坐标系中研究线段、图形和函数等高级几何内容，这些都需要从三角形、对称概念起步的扎实理解。

……

二、与其他学科及实际应用的联系

物理学

几何在物理中的应用十分广泛，如运动学中的位移、路径最短问题；光学中光的反射与折射，也可用到对称和三角形性质（镜像法、最短路径思想）。

代数在处理物理公式、推导规律时提供了表达与计算的工具，如多项式形式的能量计算、运动方程的求解等。

……

生物与化学

很多生物形态具有对称性（如辐射对称、左右对称），可以用几何对称的概念来分析、理解。

化学分子结构（尤其是晶体、分子）也常常蕴含对称群，某些分子的结构可以视作"三角形""四面体"或其他对称多面体的变形。

……

三、总结

本册教材中学到的三角形基本性质、全等判定、轴对称、特殊三角形性质等知识，为后续的平面几何深化、空间几何以及解析几何打下坚实基础。

整式乘法与因式分解等代数技能，则是后续学习函数、方程组、高次多项式以及更复杂建模的必备工具。

在跨学科领域，几何和代数的方法都能给出实用的"工具箱"：

几何部分的对称、翻折、最短路径等思想能帮助解决物理和工程中的路径、设计和优化问题；

代数思维则广泛应用于物理公式推导、经济模型、数据处理等多种场合。

因此，八年级这部分内容不仅是中学数学体系中的关键桥梁，也能够与自然科学、工程技术、艺术设计等多个领域产生深度交叉，为学生提供多维度的学习和思考视角。

这一过程 DeepSeek 也能辅助梳理出更加符合实际需求的课程结构，让学习者一开始就能看到各章节的内在联系，不至于孤立地对待每个知识模块。

8.1.2 学习目标管理

在完成知识体系的初步拆分后，继续将这些知识模块与学习目标相结合，可以进一步保证学习效率和成果。DeepSeek 可在此扮演"学习规划师"的角色，综合你的学习周期、目标程度和资源条件，为你量身定制可执行的学习路线。

（1）明确总目标与分阶段目标

例如，你打算在一学期内掌握某门课程的所有核心概念，可把学期总目标输入 DeepSeek，然后让其按照每月或每个单元为你安排学习进度。

> 用户：
这个学期我想要全面掌握这本书的内容，请按照每个单元为我安排整体的学习计划。

>DeepSeek：
下面给出一份基于"单元—章节"结构的整体学习计划示例，适合

一个学期（约 16 周）系统掌握本册内容的安排。具体的周数可以根据所在学校或教学实际进度进行微调，也可以结合个人学习效率进行灵活调整。该计划重点突出"预习—学习—巩固—检测—复习"五个环节，并在每个单元设定目标和学习任务。

整体进度概览

第十一章：三角形（约 3 周）

第十二章：全等三角形（3 ～ 4 周）

第十三章：轴对称（3 ～ 4 周）

第十四章：整式的乘法与因式分解（3 ～ 4 周）

综合复习与测试（1 ～ 2 周）

注：此处按照"16 周"进行初步分配，可根据具体教学或自学进度进行微调。

第十一章 三角形（约 3 周）

第 1 周—第 2 周（前半段）

学习内容

11.1 与三角形有关的线段

信息技术应用：画图找规律。

11.2 与三角形有关的角

阶段目标

理解高、中线、角平分线等特殊线段的概念与简单性质。

掌握三角形内角和、外角性质及其典型应用。

学习任务与方法

预习：通读课本这两节内容，尝试回答"为什么要引入这些特殊线段""三角形的内角和有何直观解释"。

课堂/自学重点：

画出不同类型三角形（锐角、直角、钝角），分别标记高、中线、角平分线。

做简单的角度计算习题,熟悉"外角＝另外两个内角和"的外角定理。

课后练习:教材配套练习,以及适量的同步练习册题目。

阶段检查

小测:包括概念填空、简单线段画图、角度计算,以巩固概念性知识。

第2周(后半段)—第3周

……

第十二章 全等三角形(3～4周)

……

第十三章 轴对称(3～4周)

……

第十四章 整式的乘法与因式分解(3～4周)

……

学习过程中的几点建议

阶段预习:每章开篇前先通读,标出疑惑之处;上课或自学时带着问题探究,效果更佳。

及时整理笔记:包括定理、公式、常见解法和错题记录;定期回顾加深记忆。

动手实践与讨论:几何部分多画图、多测量;代数部分多练习,多在错题上反思失分原因。

总结延展:在学习过程中留意知识间的内在联系,如"对称与全等、乘法与分解互为逆过程"等,并尝试思考在其他学科或实际场景的应用。

通过上述计划,结合适当的练习和思考,你可以在一个学期内比较扎实地掌握这本书的核心知识与技能。同时,在每个阶段的测试与总结中,务必关注自己尚未达成或不熟练的部分,有针对性地查漏补缺,就能在后续的学习中循序渐进、稳步提升。

对于准备考试或竞赛的学生,还可让 DeepSeek 根据考试日期进行倒推式安排,确保复习节奏与进度安排更科学。

(2)阶段性测试与评估

在实际学习过程中,你可以设定若干里程碑。每完成一个阶段,都可以让

DeepSeek 帮助我们检测这个阶段的学习成果。

三、作图与识图（共2题）

画图题

……

四、角度计算题（共3题）

……

五、综合应用题（共1题）

在 △ABC 中，已知 AB = AC，∠B = 40°。请回答下列问题：

△ABC 是什么类型的三角形？请简要说明理由。

如果 ∠B 的外角为 ∠CBM（M 为外角顶点），那么此外角的度数是多少？

请画图表示三角形的高、中线、角平分线各一条，并指出它们是否有可能重合（在什么情况下重合）。

提示：

注意回忆等腰三角形中，哪些线段有特殊关系；

外角的概念需要用到"一个外角等于与它不相邻的两个内角的和"。

答题与复习建议

……

祝学习顺利，测试完成后若有不清楚或需要深入探究的地方，可以继续向我提问。

深度对话模式下，DeepSeek 能够为这些里程碑生成与之匹配的测验题目或思考题，并提供答案要点或相关提示，方便你自检自测、查漏补缺。

"课程框架解构"是高效学习的基础，而使用 DeepSeek 来辅助这一过程可以显著提高对知识结构与学习目标的把握度。通过引导 AI 对教材或资料进行多轮分析，我们不仅能够快速生成一个完整、层次分明的知识脉络，还能在目标管理层面上获得阶段性测试与灵活调整方案，实现"学得更透彻、记得更牢固、用得更灵活"的理想效果。这种方法具有极强的普适性与可扩展性，为各个学科与学习阶段都提供了行之有效的整体思路。

8.2 难点深度解析

在学习中遇到难点时，除了重复记忆以及多做习题，还需要从多维度去理解背后的原理与应用场景。借助 DeepSeek 的深度语义分析和多轮对话能力，我们可以获得对特定的难点内容的拓展案例、理论链接以及高效的学习方法指导，从根本上攻克难题，而不仅仅是"知其然不知其所以然"。

8.2.1 知识拆解

对于一个知识点通常需要在理论与实践的结合中逐步加深理解。若只是背诵定义或公式，很难触及知识的真正内核。让 DeepSeek 来辅助时，我们可以向它提供具体的疑问，让它在解析的过程中给出丰富、易懂、可扩展的说明。

某些问题的难点不仅在于公式本身复杂，更在于它的理论背景或前置知识尚不充分。DeepSeek 在给出知识点讲解时，还能顺便带你回顾、补充关联的定理、知识点或历史演变。

> 用户：

我是一名高中生，"导数"这部分我不是很理解，请你帮我梳理一下这方面的内容。

>DeepSeek：

下面是一份对"导数"概念的分步拆解说明，适合高中阶段学生从多角度理解与掌握。将从直观认识到公式与定理，再到历史背景与学习技巧，循序渐进地展开。

……

1. 从直观开始：变化率与瞬时速度

1.1 变化率的朴素理解

在日常生活中，我们常常会提到"速度""加速度""增长率"等概念，这些都是对"变化速度"的度量。

例如，汽车从静止到 60 km/h，需要一段加速过程；某时刻下它的速度是多少，就体现了"瞬时变化率"的含义。

1.2 切线斜率的几何解释

在函数图像中，"导数"可以被视为曲线在某一点处的切线斜率。

举例：在函数 $y=f(x)$ 的图像上，若你想知道在 $x=a$ 附近，曲线的"走向"如何，可以画一条与曲线紧密贴合的"切线"，导数便是这条切线的斜率。

思考：如果没有导数的概念，想得到某一瞬间的"速度"或某一点的"斜率"很难，只能用平均速度或割线斜率去近似。导数的出现正是把"近似"变成"极限"来精确刻画。

……

2. 严谨定义：极限思想

2.1 函数的增量与差商

对函数 $y=f(x)$ 而言，当自变量从 x 增加到 $x+\Delta x$ 时，函数值相应地从 $f(x)$ 增加到 $f(x+\Delta x)$。

增量（Δy）：$\Delta y=f(x+\Delta x)-f(x)$

平均变化率（差商）：

$$\frac{\Delta y}{\Delta x} = \frac{f(x+\Delta x)-f(x)}{\Delta x}$$

2.2 导数的极限定义

……

2.3 高中为什么要深入极限？

虽然高中阶段对极限的研究并没有完全深入微积分体系，但基本的"极限趋于 0"思想是理解导数的核心。通过离散到连续的过渡，掌握导数本质上就是把"平均变化率"变为"瞬时变化率"。

……

3. 导数运算：核心求导公式与定理

……

4. 理论与实践：将导数应用于现实问题

……

5. 历史演变：从牛顿和莱布尼茨到现代

……

6. 学习导数的前置与常见难点

......

7. 常见思维训练与练习方向

......

8. 结语：导数的核心与展望

最后建议：在学习导数时，不要只满足于做对题、记住公式。要多问"为什么这样定义""极限过程代表了什么""如果不这么定义，会怎样"。这份好奇心和追根究底的态度，将使你对数学思维与方法论有更深刻的认识，并在后续的学习和研究中受益无穷。

......

以上就是关于"导数"概念的详细拆解。从基本的物理现象、几何意义，到极限定义、公式、历史，再到常见应用与学习建议，形成一个相对完整的知识脉络。希望能帮助你在理论与实践的结合中逐步加深对导数的理解与掌握。

除了理论之间的基本关联，学习者还可让 DeepSeek 演示该难点在不同场景或学科交叉点的运用，如"如何用统计学视角来解释这个数学定理""在编程中如何实现自动求解"等。

这种跨领域的扩展不但能让你对难点有更多认知面，也能为后续综合运用打下基础。

8.2.2 学习方法指导

（1）思维导图

面对复杂概念和多层次的内容时，思维导图是一种很有效的"可视化方法"。DeepSeek 能迅速将难点知识的各个关键细节整理成层次分明的节点，在多轮对话后给出一个逻辑清晰的结构框架。

你可以使用 Xmind 或其他思维导图工具，将 DeepSeek 输出的框架导入，从而更直观地看清整个知识网络。

（2）实践练习

对那些原理性强、概念抽象的难点，最好的掌握方式是实际操作或情景化运用。DeepSeek 会建议一些实践式学习法，如亲手做小实验、开展项目研究或参与讨论式学习。

> 用户：

我还是不太理解导数。请你给我一个实际生活中能够见到的例子，来讲解导数的用处。

> DeepSeek：

下面是一个高中生日常生活里就能见到的、用来说明导数用处的例子——手机电池电量随时间的变化。这个场景既贴近日常，又能很好地体现"平均变化率"和"瞬时变化率"的区别。

场景：手机电量的变化

1. 平均电量消耗率

假设你早上出门时手机电量是 100%，到了中午变成 50%。若你发现这段时间总共过去了 4 小时，那么"平均电量消耗率"就是

$$\frac{100\% - 50\%}{4小时} = \frac{50\%}{4} = 12.5\% \ 小时$$

这相当于一个"平均速度"，只能反映从早上到中午的大体消耗水平。

2. 瞬时电量消耗率（导数）

实际情况中，你的手机电量并不是匀速下滑：

······

3. 为什么关心"导数"而不是"平均"？

如果你发现某些 App 瞬时耗电特别快，就会想要节制它的使用或者及时充电。平均值往往不能准确反映这种剧烈波动；只有"瞬时变化率"才能告诉你那一刻到底是在疯狂耗电，还是在悠闲待机。

一些手机管家或电量管理软件，也会给出"预测剩余可用时长"。这个预测背后，实际上就涉及类似"实时耗电速率"的估算，近似用到了导数思想。

总结：导数的意义

平均消耗率只能在较长的时间区间上给你一个大概"掉电速度"。

瞬时消耗率（导数）则告诉你眼下的真实速度，是最精确刻画手机电量变化的指标。

当学会用导数去描述"任意一瞬间的变化速率"后，就能更细致地分析并理解各种变化过程——不管是手机电量还是更广泛的物理运动、经济增长、化学反应速率等。

在这个例子中，我们将"导数"具体地关联到日常生活——手机电量随时间变化的瞬时消耗率。这样能直观地体会，导数在描述并预测"随时间变化的速度"这类问题上有多么关键和实用。

8.2.3 自主提问与引导

让 DeepSeek 模拟老师角色进行提问、解惑，良好的师生互动常常胜过单向灌输。如果你想得到更贴近"真实教学环境"的学习体验，可以让 DeepSeek 在对话中扮演老师角色，引导你思考或解答疑惑。

（1）主动提问

深度对话中，你可以设定"AI 扮演老师"模式，要求它在讲完某个知识点后，向你发起若干思考性问题或习题。

> 用户：

接下来的对话中请你扮演我的老师，循序渐进地问我一些问题，一次一个问题，看看我有没有掌握导数的内容。

>DeepSeek：

好的，我将扮演老师的角色，和你进行一问一答的交流，请你按照自己的理解来回答。我们先从最基本的概念开始。

问题 1：

你能用自己的话说说，什么叫作函数的平均变化率吗？（请结合一个简单例子来说明）

> 用户：

函数的平均变化率，应该就是函数在某段区间内的平均变化速度吧，类似于平均速度的概念。比如从时间 a 到时间 b，函数值的变化量除以自变量的变化量，也就是斜率什么的。

>DeepSeek：

很好，你对"平均变化率"的理解相当到位，也知道它和"平均速度"十分相似。的确，从区间的端点去计算差值除以区间长度，可以看成"平均速度"或"平均斜率"。

问题2：

既然你已经明白了平均变化率，能再说说"导数"跟平均变化率之间有什么关系吗？为什么我们需要用"导数"代替平均变化率来描述某些问题？

……

通过回答这些问题，你能更快找到自己的盲点或误区，而不是被动地接受知识。

（2）纠错与反馈

学习时难免会犯错。可以让 DeepSeek 在发现你的回答中有矛盾之处时，直接指出并给出修正建议。

>用户：

导数就是平均变化率吧，导数的函数图像好像是跟原图像相交？

>DeepSeek：

导数并不等于一般意义上的平均变化率，而是"在区间长度无限缩小时的平均变化率极限值"。我们来详细澄清一下：

1. 平均变化率

—在区间 $[a,b]$ 上，平均变化率是

$$\frac{f(b)-f(a)}{b-a}$$

—这是一个"区间"概念——它告诉我们在时间或区间 $[a,b]$ 里，函数值（或某种量）"平均"变化得有多快。

2. 导数（瞬时变化率）

—当区间 $[a,b]$ 变得越来越小（也就是 b 趋近于 a），这个平均变化率就逐渐逼近某一个稳定值，这个稳定值就是导数。

—用极限的方式表达：

$$f'(a)=\lim_{h\to 0}\frac{f(a+h)-f(a)}{h}$$

—这样得到的是"在 $x=a$ 点上的瞬时变化率"，也可称为"切线斜率"或"即时速度"。

3.关于导数函数与原函数图像的关系

—如果我们把导数（随 x 变化）当作一个新函数 $x=f'(x)$，它并不是在"图像上与原函数相交"的概念。

—倒是在每一个 x 上，导数 $f'(x)$ 是原函数 $f(x)$ 那一点的切线斜率。这两个函数是不同维度的信息，一个是"位置"（或函数值），另一个是"变化速率"。

—可能会在一些场合下，导数函数和原函数数值相等（如某点上 $f'(x)=f(x)$），但那是巧合或某些特别的函数才会发生的事，并不是导数和原函数本质上的必然关系。

……

小结

—导数的本质：是把平均变化率的思想用极限推到"无穷小"区间，从而得到"那一刻"的变化率。

—和平均变化率的区别：平均变化率依赖一个明显的区间，而导数是区间缩到 0 后的"即时速度"。

所以，导数比"简单的平均变化率"更微观、更精确，能捕捉函数在一点上的变化速率。请你结合这个解释再思考一下：当我们需要知道某一瞬间、某一点的变化规律时，为什么必须使用导数，而不是一段区间的平均值？

通过这种即时反馈与引导纠正，你可以不断在错误和修正中摸索出更扎实的知识体系。

"难点深度解析"并不只是多看几篇参考资料或多刷几套题就能轻易解决的

过程。它要求学习者在深入理解理论与实践应用之间，寻找更全面的切入点。通过拓展案例、多维度拆解，你能对知识点的来龙去脉与实际价值产生更深刻的认识；通过科学的学习方法指导，你能最大化地内化这些难点；通过与 AI 进行问答与互动演练，又能在思维层面与实践层面得到即时反馈。DeepSeek 作为一种智能化的学习助手，让整个过程更有针对性与连续性，帮助你在面对难点时既能高效攻破，也能从中获得更高维度的学习能力与学科思维。

8.3 拍照解题

拍照解题就是将题目通过图像形式输入 AI，让它进行智能识别与解析，从而提供多种解法与思路建议。相比传统的人工搜索或翻阅资料，拍照解题能更直观地呈现题目信息，也能避免一些"文字输入不准确"或"无法描述复杂公式"的场景限制。借助 DeepSeek 的图像识别和自然语言处理能力，我们可以更高效地完成从题目理解到思路扩展的全过程，并通过相似题型练习巩固所学知识。

8.3.1 题目识别与方法思路

当我们将试题或作业题目的照片拍下并输入 DeepSeek 后，它首先需要对图像中的文字、数字符号甚至图表进行识别，接着按照题目的类型、学科领域及已知条件分析其所对应的知识点或解题路径。

（1）图像到文本的转换

DeepSeek 会自动调用图像识别技术（OCR），把题目中的文字、符号或简单图形信息提取成可读的文本形式。对于一些印刷体或标准公式，它能够较准确地识别；若题目包含手写部分或较复杂的示意图，它也能在一定程度上进行识别并尝试理解结构和含义。就比如下面这道题：

设函数 $f(x)=x^{(x^x)}$（定义域为 $x > 0$），求 $f'(x)$。

拍下题目后，将图片文件发送给 DeepSeek，我们先来看看它能否正确识别这道题。

这是道什么题？

题目描述：

设函数

$$f(x) = x^{(x^x)} \quad (\text{定义域为 } x > 0),$$

求其导数 $f'(x)$。

函数结构特点：

- 底数为 x，指数为幂函数 x^x，形成嵌套幂结构（x^{x^x}）。
- 定义域限定 $x > 0$，确保指数与底数的合法性。

目标：

对函数进行求导，最终结果需以 $f'(x) = \cdots$ 的形式呈现（题目不要求解答，仅需展示问题）。

（2）解答问题

深度学习模型会基于提取到的文字内容，结合学科知识库判断该题目可能涉及的章节或知识点，如函数极限、几何定理、化学方程等。

这个过程中，DeepSeek 也会提炼题目中给出的条件（如数值、已知公式、特殊限制）并推断出答题所需的关键步骤。

> 用户：

请你解答这道题。

> DeepSeek：

解题思路梗概：

1. 函数形式：

$f(x)=x^{(x^x)}$。我们要求 $f'(x)$（其定义域为 $x > 0$ ）。

2. 取对数化简：

先令 $y=f(x)=x^{(x^x)}$，然后取自然对数：

$$\ln y=\ln(x^{(x^x)})x^x\ln x$$

3. 求 $\ln y$ 关于 x 的导数：

对上式左右分别对 x 求导，得到

$$\frac{1}{y} \cdot \frac{dy}{dx} = \frac{d}{dx}(x^x \ln x)$$

因此

$$\frac{dy}{dx} = y \cdot \frac{d}{dx}(x^x \ln x)$$

注意此时 $y = x^{(x^x)}$，也就是最后我们要把它"乘回来"。

4. 分步求导：

我们令

$$g(x) = x^x, \quad h(x) = \ln x$$

则要对 $g(x)h(x)$ 求导：

$$\frac{d}{dx}[g(x)h(x)] = g'(x)h(x) + g(x)h'(x)$$

$g(x) = x^x$ 的导数：

常用技巧是 $x^x = e^{x\ln x}$，于是

$$g'(x) = x^x(\ln x + 1)$$

$h(x) = \ln x$ 的导数：

$$h'(x) = \frac{1}{x}$$

因而

$$\frac{d}{dx}(x^x \ln x) = [x^x(\ln x + 1)]\ln x + x^x \cdot \frac{1}{x}$$

可以稍加整理为

$$x^x(\ln x + 1)\ln x + x^{x-1}$$

5. 回代 $y = x^{(x-1)}$：

于是

$$f(x) = \frac{dy}{dx} = x^{(x^x)}[x^x(\ln x + 1)\ln x + x^{x-1}]$$

这已经是一个正确答案。若愿意，还可以把 x^x 从方括号中提出来，得到另一种常见的写法：

181

$$f'(x)=x^{(x^x)} \cdot x^x \left[(\ln x+1)\ln x+\frac{1}{x} \right] =x^{x^x+x} \left[\ln x(\ln x+1)+\frac{1}{x} \right]$$

......

答案呈现：

$$f'(x)=x^{(x^x)} \left[x^x(\ln x+1)\ln x+x^{x-1} \right]$$

或者等价地写成

$$f'(x)=x^{x^x+x} \left[\ln x(\ln x+1)+\frac{1}{x} \right]$$

这两种形式本质上是同一个结果，任选其一即可。

这是一道对"嵌套幂"函数求导的典型题目，常见于学习了指数函数与对数函数求导之后，用来检验对复合函数微分技巧（如对数化简、链式法则等）的掌握程度。题目本身不算常规基础题，而是稍有"新意"的进阶类型，通常出现在高中或大学初级微积分中，让学生练习如何将幂函数、指数函数和对数函数的求导方法结合运用。

学习者可通过多轮对话向 DeepSeek 提出进一步疑问，或者要求 DeepSeek 举例说明每一步推理过程，确保对题意和解题策略都有清晰把握。

8.3.2 多种解法比较

很多题目往往不止一种解法，一些较有深度的题还会蕴含"巧妙解法"或"竞赛思路"。当我们与 DeepSeek 交互时，可以让它针对同一道题产出多种解题路径，从而拓宽思路或满足不同层次的需求。

> 用户：

这道题还有其他的解法吗？

>DeepSeek：

除了最常见的"取对数—再微分"的方法外，实际上"幂函数与指数函数的相互转化"本质都离不开同一个思想：把 $x^{(x-1)}$ 写成 $e^{(something)}$，然后用链式法则和积法则完成求导。主要有下列两种思路（核心原理相同，但操作步骤略有差别）：

......

1. 对数化简后求导（最常见、最直接）

（1）令 $y=x^{(x^x)}$，取自然对数：

$$\ln y=\ln(x^{(x^x)})=x^x \cdot \ln x$$

（2）两边对 x 求导，得到

$$\frac{1}{y} \cdot \frac{\mathrm{d}y}{\mathrm{d}x}=\frac{\mathrm{d}}{\mathrm{d}x}(x^x \ln x)$$

因此

$$\frac{\mathrm{d}y}{\mathrm{d}x}=y \cdot \frac{\mathrm{d}}{\mathrm{d}x}(x^x \ln x)$$

（3）注意到 $y=x^{(x^x)}$，最后把它"乘回来"即可得到 $f'=(x)$。

这个方法在学习对数求导技巧后几乎是"标配"，因为任何带有"变量为底数"和"变量为幂指数"同时出现的复杂幂函数，都能通过先取对数化简，从而把复杂的幂表达式转为相对简单的乘积或加法形式，然后再进行微分，最后把原函数乘回来即可。

……

2. 直接把函数写成指数形式，再用链式法则

这一思路其实和对数化简是"同根同源"，只不过在操作层面我们直接把函数写成 e 的幂形式，然后进行一连串的链式法则运算：

（1）原函数：

$$f(x)=x^{x^x}$$

（2）把底数和指数都转成用 e 来表示：

$$x^x=e^{(x\ln x)}$$

于是

$$f(x)=x^{(x^x)}=(e^{\ln x})^{(e^{x\ln x})}=e^{(e^{x\ln x})\ln x}$$

（3）定义辅助函数

$$g(x)=(e^{\ln x})\ln x$$

那么

$$f(x)=e^{g(x)}$$

（4）先求

$$\frac{\mathrm{d}f}{\mathrm{d}x} = \frac{\mathrm{d}}{\mathrm{d}x}(e^{g(x)}) = e^{g(x)} \cdot g'(x),$$

再去求 $g'(x)$：

$$g'(x) = \frac{\mathrm{d}}{\mathrm{d}x}\left[e^{x\ln x}\ln x\right] = \frac{\mathrm{d}}{\mathrm{d}x}(e^{x\ln x})\ln x + e^{x\ln x} \cdot \frac{1}{x}$$

而

$$\frac{\mathrm{d}}{\mathrm{d}x}(e^{x\ln x}) = e^{x\ln x} \cdot \frac{\mathrm{d}}{\mathrm{d}x}x\ln x = e^{x\ln x}(\ln x + 1)$$

（5）组合起来得到

$$g'(x) = e^{x\ln x}(\ln x + 1)\ln x + e^{x\ln x} \cdot \frac{1}{x}$$

于是

$$f'(x) = e^{g(x)} \cdot g'(x) = e^{(e^{x\ln x})\ln x}\left[e^{x\ln x}(\ln x + 1)\ln x + e^{x\ln x} \cdot \frac{1}{x}\right]$$

把 $e^{x\ln x}$ 化回 x^x、$e^{g(x)}$ 化回 $x^{(x^x)}$，就与"对数化简法"得到的结果相一致。

……

比较与说明

……本质上这两种方法都是同一个核心思想：先把复杂的幂结构转为"指数函数 $e^{\cdots}$"的形式，然后再对其指数部分做求导。

……第 1 种"对数化简"方法更直观：用 $\ln f(x)$ 把复杂幂结构变成相对简单的乘积或加法，再微分后乘回原函数。

……第 2 种方法则是把"对数化简"背后的原理用在"写成 $e^{\cdots}$ 并多次套用链式法则"的形式上，对于善用链式法则的人来说也很顺畅。

从求解效率和简洁度看，对数化简往往是处理此类题目的首选方法。直接写成 $e^{(\cdots)}$ 也行，但步骤会多一些，且最后也必须把各种 $e^{\cdots}$ 替回去。二者的最终结果和难度没有本质差异。

8.3.3 巩固练习

在完成一题的学习后，如果不及时通过相似题型来巩固和扩展，我们可能难以形成牢固的知识结构或灵活的应变能力。拍照解题的最终目的不只是"得到答案"，而是把所学原理与技巧融会贯通到更多情境中。

学习者可以要求 DeepSeek 根据已解题目的知识点或难点，生成数道"难度相当或略有提升"的新题。例如："若将圆的半径变为两倍，其切线长又该如何计算？"

DeepSeek 会在多轮对话中不断修正题目内容，确保题型既保留原先题目的核心考点，又在部分数据或情境上进行改变，以帮助学习者更深入地掌握解题规律。

> 用户：
请你再出一道难度相当的题目，考查同一知识点。

> DeepSeek：
下面给出一个与原题难度相当、同样考查"嵌套幂"求导思路的题目（需使用对数化简和复合函数求导方法）：

……

新题目：

设函数

$$g(x)=(x^x)^{(x^x)} \text{（定义域为 } x > 0 \text{）},$$

求 $g'(x)$。

提示：可以先令 $y=(x^x)^{(x^x)}$，对 y 取对数后化简，再用求导公式和链式法则逐步求解。若熟悉将函数转换为 $e^{(\cdots)}$ 形式，同样也能得到答案。

拍照解题突破了对输入方式的限制，让难题的呈现更直观、生动。在 DeepSeek 的支持下，整个过程并不仅是"看答案"，而是在识别题意与方法思路、多种解法比较以及巩固练习的综合环节中，全方位提升学习效率与思维深度。尤其是通过多种解法的对比和错误易发点提醒，学习者能够更加全面地理解题目的本质与解题规律。借助后续的"生成相似题型"功能，也能迅速完成从"掌握一道题"到"举一反三、活学活用"的学习飞跃。

8.4 单词记忆强化

单词记忆是语言学习中的重要环节，尤其当我们面对大量词汇时，如果缺乏科学的记忆策略和复习规划，很容易出现"遗忘快、混淆多"的情况。借助 DeepSeek 的智能辅助，我们不仅可以将枯燥的词汇学习转化为更具场景性和趣味性的过程，还能充分利用 DeepSeek 对记忆曲线和词库管理的分析能力，大幅提升记忆效率和长期保留效果。

8.4.1 场景化记忆

传统的背单词方式往往是机械重复的，容易使人产生疲倦与厌倦。场景化记忆则通过把词汇放入具体情境或故事中，让大脑对该单词的使用场合和情感体验形成更深刻的印象。

（1）故事化串联

让 DeepSeek 根据一组目标词汇，自动生成一段富有情节的短文或故事，将这些词汇自然地融入其中。

> 用户：
> 请你将下面几个单词串联到一个故事当中去，方便我记忆这些单词。
> 1.accomplish
> 2.acquire
> 3.adapt
> 4.adjust
> 5.adequate
> DeepSeek：
> 莉莉（Lily）刚刚踏入高中，立下了一个宏伟的目标：在学期结束前 accomplish（完成）一次出色的英语演讲。她明白，想要实现这一目标，自己必须 acquire（获得）足够的词汇量和表达能力。
> 起初，面对紧凑的课程和繁杂的作业，莉莉发现自己并不习惯。但她很快意识到，如果想要在陌生环境中生存下去，就必须学会 adapt（适应）。于是，莉莉开始每天阅读英文原版短文、观看英文视频，不断拓展

自己的视野。同时，她还主动与老师和同学交流，观察他们的学习方法并加以借鉴。

在学习的过程中，莉莉也时常需要 adjust（调整）自己的计划。最初，她打算每天都投入两个小时学习新单词，但很快她发现在繁重的学业面前，这个安排过于理想化，难以坚持。于是，她重新评估了自己的时间和精力，并把一天的学习时长拆分成几个小段，利用课间和午休等零散时间反复记忆单词、练习口语。

当她的知识渐渐积累 adequate（充足）时，她也变得更加自信。词汇量逐步增加，她不仅能够顺利表达自己的想法，还能在演讲中恰到好处地运用新词汇，让内容更具说服力。

最终，莉莉在学期末如愿登上讲台，用流利的口语和坚定的态度展现了自己在英语上的进步——她成功地 accomplish（完成）了最初的目标。这次经历让她深刻体会到，唯有不断 acquire（获取）知识、积极 adapt（适应）环境、灵活 adjust（调整）计划，才能拥有 adequate（充足的）准备去迎接挑战。

学习者通过阅读或聆听这段故事，不仅能更好地理解词义和用法，还能因为对剧情感兴趣而更牢固地记住单词。

（2）情景对话

若要针对日常生活或特定主题（如旅游、商务、科技等），可以请 DeepSeek 提供模拟场景对话。例如，让 DeepSeek 生成一段对话，把关键词汇置于对话中，引导学习者更有代入感。

> 用户：
接下来我们来模拟一段真实的英语对话，每次你都要为这五个单词中的一个设计一个问题，我会回答你，然后你再用第二个单词提问，以此类推。

> DeepSeek：

Here's how we can set it up. I'll pose each question in English using one of the target words, and then you can give your answer. After you answer, I'll move on to the next question with the next word.

Assistant (1st question, using "accomplish")：

What is one significant goal you've managed to accomplish recently, and how did it make you feel?

在多轮对话模式下，还能反复练习对答，形成沉浸式的语言环境。

8.4.2 复习规划

背单词最忌"一次记牢"，而忽视后期巩固。采用科学的复习间隔，可以让我们最大限度地延长记忆保留时间。DeepSeek 具备一定的学习曲线建模能力，能为学习者提供个性化的复习安排。

> 用户：

我是一名高一学生，请帮我设计一个完整的单词记忆规划。

> DeepSeek：

下面提供一个较为系统、循序渐进的单词记忆规划，适合高一学生在繁忙的学习之余有效地记忆与巩固词汇。此规划包含每日、每周和每月的阶段性安排，并结合了多种学习方法，以保证记忆的深度和广度。

一、总体思路

1. 循序渐进，量力而行

每天学习的单词数量不宜过多，建议控制在 5~10 个，结合自己的学业负担和时间自由度酌情增减。

重视复习大于盲目积累，通过循环复习确保单词真正内化。

2. 多种感官刺激，促进记忆

结合听（听力材料／音频词典）、说（口头造句／同学讨论）、读（原文阅读／课本阅读）、写（写短文／造句练习）四种方式，强化对单词的印象。

3. 分层学习，场景化记忆

按照难度或话题分类学习，或是在写作、演讲、对话等真实情境中多次运用新单词，以确保记忆更加牢固。

4. 周期复习，间隔重复

科学利用间隔重复（Spaced Repetition）的方法安排复习。如1天后、3天后、7天后、15天后进行复习，逐步巩固记忆。

二、每日规划（以5~10个单词为例）

……

三、每周规划

……

四、每月规划

……

五、辅助建议

……

六、总结

每天：小步学习＋及时复习

每周：测试查漏补缺＋集中巩固

每月：系统检测＋循环复习

长期：分类记忆＋多场景运用

如果你能够坚持按这个规划执行，并逐步调适学习节奏，你的词汇量与应用能力就会不断提高。高一阶段正是打基础的关键期，扎实的词汇储备对于后续的阅读、写作和口语都会有巨大帮助。祝你学习顺利，稳步提升！

对于许多语言学习者而言，单词记忆常常是最大的痛点。通过场景化记忆和多轮对话辅助，DeepSeek能够把原本枯燥的记忆过程变得更生动、有趣；并结合科学的复习规划，让学习者在有限时间内实现最佳记忆效果和长期保留。无论是初学者还是有一定基础的学习者，都能在这套"自动化＋个性化"的模式中找到合适的节奏，持续提升词汇量与实用度，为更深入的语言应用打下坚实根基。

8.5 语法实战精讲

对于任何语言学习者来说，语法都是从"看似简单"到"深度掌握"过程中一个容易被忽视却又往往决定语言应用精准度的环节。无论是初学者面对基本句型，还是中高级学者需要处理复杂从句、时态与语态，语法上稍有疏漏便会在写作和交流中产生明显的歧义或错误。借助 DeepSeek 的"实时批改与深度分析"能力，我们可以将语法学习从枯燥的规则记忆转变为"动态纠错—实例修正—系统梳理"的闭环过程，帮助学习者在切身实践中迅速巩固并运用语法知识。

8.5.1 错误模式分析

对于语言学习来说，学习者最常见的难题并不是不知道语法规则，而是容易在实际写作或口语中犯重复性错误。如果能对这些错误进行归类、提炼，就能更好地对症下药，效率倍增。

（1）常见错误剖析

将学习者平时写作、练习中的短文或题目输入 DeepSeek，让它自动检测其中的语法、用词和结构错误。DeepSeek 在标记每处错误时，还可提供出现该错误的典型原因。例如，"受母语影响导致直译句式""对时态规则记忆不牢""误用同义词却忽视语境差异"等。

> 用户：
>
> 下面的这几个句子有什么问题？
>
> I go to the park yesterday.
>
> He has visited that museum last week.
>
> ＞DeepSeek：
>
> 以下是对这两个句子的错误原因及正确用法的简要分析：
>
> I go to the park yesterday.
>
> 错误原因：使用一般现在时（go）来表达过去发生的动作。

正确用法：I went to the park yesterday.

说明：表达"昨天去公园"属于过去发生的动作，应使用一般过去时（went）。

He has visited that museum last week.

错误原因：句中出现了明确的过去时间（last week），却搭配了现在完成时（has visited）。

正确用法：He visited that museum last week.

说明：当句子中出现具体的过去时间状语（如 last week、yesterday、in 2020 等）时，应使用一般过去时（visited）而不是现在完成时。

这些提示使学习者不仅知道"错在哪里"，还知道"为什么会错"，从而在后续练习中有意识地规避重复错误。

（2）生成针对性练习

深入了解错误模式后，DeepSeek 还可主动生成相应的纠错与强化练习题。例如，为了克服"时态混用"，可以在后续测试中特别设置一批聚焦时态运用的题目或短句改写，让学习者通过大量实例逐渐内化规则。

> 用户：

请根据我的错误，生成一些针对性的习题。

>DeepSeek：

以下是一系列针对你在时态使用中出现的问题所设计的练习，旨在帮助你巩固并正确运用动词时态。请根据要求完成相应的练习。

Part A：句子纠错

练习说明

下面有若干句子，每个句子都含有与时态或时间状语相关的错误。请你找出错误并改正。

I go to the library yesterday.

He has eaten dinner an hour ago.

We are studying English every evening.

Lucy will visit her grandparents when she will have enough time.

My sister has bought a new skirt last Saturday.

Part B：动词时态选择填空

练习说明

根据每个句子中所提供的时间状语或上下文，以最恰当的动词时态形式将括号内的动词填在横线处。请注意时态与时间状语之间的匹配。

I (visit) _____ my grandparents last weekend.

He (finish) _____ his project two days ago.

We (study) _____ English every morning before class.

She (work) _____ here since 2020.

They (have) _____ dinner together tonight.

The train (leave) _____ at 8 a.m. tomorrow, so don't be late.

提示：

与具体过去时间搭配时，一般使用一般过去时（visited、finished）。

表示经常／习惯性动作时，一般使用一般现在时（study、work）。

有持续至今含义且无具体过去时间点时，可考虑使用现在完成时（has worked）。

表示计划或安排好的未来事件，可以使用一般将来时或"be going to"结构，也可以在特殊情况下使用一般现在时表将来（如列车时刻表／航班时刻表）。

Part C：将句子改写成正确的时态

……

Part D：小短文改错

……

Part E：自我造句

……

192

8.5.2 语法点图谱

语法学习往往涉及庞杂的概念群：时态、语态、从句、虚拟语气、分词、倒装等，这些知识点之间又彼此关联。仅靠线性地背诵规则很难真正形成系统的理解。DeepSeek 可以在多轮对话中不断整理并归纳出一个"语法点图谱"，让学习者以更加立体的方式掌握语言结构。

对于每个知识点，DeepSeek 能输出示例句子或常见错误示例，并进一步标明与其他语法点的交叉关系。

> 用户：

请详细讲解"定语从句"的内容，给出正确示例和错误示例，并讲解定语从句与分词作定语之间的区别与联系。

> DeepSeek：

以下内容将系统地讲解定语从句的用法、常见的正确示例与错误示例，并比较定语从句与分词作定语之间的区别与联系。

一、什么是定语从句

定语从句（Relative Clause）是用来修饰或限定名词（或代词）的一个从句。它通常由关系代词（who、whom、whose、which、that）或关系副词（when、where、why）引导，放在它所修饰的先行词之后。

先行词（Antecedent）：被修饰的名词（或代词）。

关系词（Relative Word）：在从句中充当一定的语法成分（主语、宾语、表语、状语等），并把先行词与从句联系起来。

1. 关系代词常见用法

who：指人，在从句中作主语或宾语。

whom：指人，通常在从句中作宾语，常见于书面或正式用语。

whose：指人或物，表示所属关系。

which：指物或动物，在从句中作主语或宾语。

that：指人或物，功能类似 who / which，一般用于限制性定语从句。

2. 关系副词常见用法

when：先行词多为表示时间的名词（day、year、time 等），在从句中作时间状语。

where：先行词多为表示地点的名词（place、house、city 等），在从句中作地点状语。

why：先行词多为 reason，在从句中作原因状语。

二、定语从句的分类

限制性定语从句（Restrictive/Defining Clause）

从句对先行词进行必要的限定，若去掉此从句，整句意思会不完整或改变。

一般不使用逗号与主句隔开。

……

三、定语从句的正确示例

……

四、定语从句的常见错误与示例

……

五、定语从句与分词作定语的区别与联系

……

六、总结

定语从句是通过关系代词或关系副词引导，对先行词起修饰、限定或补充说明的作用，结构完整，信息量大。

分词短语作定语可以替代部分定语从句，使句子更为简洁、凝练，但要求逻辑和语义上足够清晰，否则容易引起歧义。

学习时应充分掌握关系代词和关系副词的使用规则，以及限制性与非限制性定语从句的区别；在此基础上，再根据表达需要与上下文语境选择使用定语从句或分词短语。

注意常见错误，如：

指人时错误使用 which；

非限制性定语从句错误使用 that；

时间状语、地点状语或具体过去时间与时态搭配不当；

分词短语主动 / 被动关系不当；

先行词与分词之间缺乏逻辑对应关系等。

通过多加练习、反复对比示例，你将能准确区分并熟练运用定语从句及分词作定语。祝学习顺利！

学习者也可以在 Xmind 或其他思维导图工具中将这些关联可视化，形成一张详细的"语法结构地图"。

语法并不仅仅是语言学习中的"规则红线"，更是能决定表达深度和准确度的关键因素。通过对错误模式的深入分析、实时的实例修正与高效的语法点图谱构建，我们能使语法学习既有指向性又有可视化结构。DeepSeek 在这一过程中发挥"智能教练"的作用，不但能快速纠正和讲解，还能结合不同场景和学习目标，为你量身定制更灵活、更高效的语法习得路径。通过这种"精准诊断 + 强化练习 + 系统整合"的综合方式，你将能在语言应用中获得更自然且符合母语者思维习惯的表达能力。

8.6 作文批改

写作能力是语言学习和表达能力的综合体现，既需要合乎语法规范，又要在结构和表达上展现思路和文采。通过 DeepSeek 的智能分析和批改功能，学习者可以在完成初稿后迅速获得多角度的反馈建议，包括对文章结构的调整、语言表达的精进，以及对不同文体需求的适配优化。这样的"多轮批改 + 改进"模式，能够有效提升学习者的写作水平，让文章更加条理清晰、内容充实、语言得体。

8.6.1 结构优化

一篇好的作文往往具备合理的段落安排、鲜明的主题句以及流畅的段落衔接。DeepSeek 能通过对文章进行整体分析，发现和提出以下方面的改进建议。

（1）段落逻辑

当你将作文或文章全文输入 DeepSeek 后，它会识别每段的主要论点或叙事要点，然后根据它们之间的关联性提出是否需要重组段落。一些段落内容可能过度重复或缺少重点；它可能会建议合并类似的段落或拆分过长的段落，让结构更简洁明了。

（2）主题句

很多时候，段落的第一句话或核心句应该突出段落要表达的主题，但学习者常常写得较为含糊或忘了突出关键信息。DeepSeek 在对话中会给出示例，引导你如何强化主题句，用更具概括性且醒目的方式概述本段的主要观点或故事线。

（3）过渡句

段落与段落之间需要自然过渡，否则会给读者一种生硬跳跃的感觉。如果 DeepSeek 检测到文章中出现"内容断层"或"主题转换不流畅"，它会建议添加或修改过渡句，让读者更容易跟随思路从上一段转到下一段。

> 用户：
> 请从段落逻辑、主题句突出与过渡句衔接三个方面，给出这篇作文具体的改进意见。
> 成长的价值
> 在生活中，我们总是被告知要追求完美，考试要拿满分，比赛要得冠军，就连普通的作业都不允许出现一点差错。但我逐渐发现，真正的成长并不是依靠完美无缺，而是在不断犯错与改正中前行。
> ……
> 所以，我认为成长的真正价值不在于我们达到了什么完美的目标，

而是在于我们是否在错误中懂得了反省与改正的道理。正如老师常说的一句话："失败并不可怕，可怕的是你从失败中什么都没有学到。"所以，我们不必苛求完美，带着一点瑕疵的成长，也许更加真实，也更加宝贵。

>DeepSeek：

从段落逻辑、主题句突出与过渡句衔接三个方面，给出如下具体改进意见：

一、段落逻辑方面

问题：当前文章内容丰富，但第三、四段之间的衔接不够紧密，略显突兀。从"日常学习中的小错误"突然过渡到"重要事件的错误代价"，缺乏一个逻辑的连结点。

建议：在第三段结尾或第四段开头增加一个过渡性的句子，如"但有时，小的错误如果不及时反思，也可能酿成更大的失误"。这样就能自然地将"小错误"与"重要事件中的错误"联系起来，逻辑更清晰。

二、主题句突出方面

......

三、过渡句衔接方面

......

上述调整，能更清晰地体现文章的逻辑结构、突出段落主题句，并强化各段间的有机衔接，使文章更具连贯性和说服力。

8.6.2 表达精准度训练

作文中的语言表达不仅要保证语法正确，也要丰富多样、连贯通顺。DeepSeek 可以从选词、句式到连贯性各个层面帮助学习者不断提升"语言张力"。

（1）词汇多样性

若文章中频繁出现同义词或近义词的重复使用，DeepSeek 会自动提醒你可以换用其他表达，以丰富文章的词汇色彩。如果检测到你在写作中经常使用某些"口语化"或"冗余"短语，也会给出替代方案，使文风更具专业性或文学性（视文章类型而定）。

（2）语句通顺度

当你输入一些长句或从句较多的复杂语句时，DeepSeek 会评估其可读性，并指出可能存在的歧义或结构混乱之处。它同时提供更简练、更优雅的改写示例，让你在保留内容主旨的同时，提升句式流畅度。

（3）准确性与简洁性

对于信息较密集的段落，DeepSeek 会建议增加必要的标点、连接词，或对多余的修饰短语进行删减，避免因堆砌辞藻而影响清晰度。在议论文或说明文中，若出现过度情感化的词汇，DeepSeek 也可识别出来，提示你使用更准确的描述或数据支持。

> 用户：

请从词汇多样性、语句通顺度以及准确性与简洁性方面，给出这篇作文的修改意见。

>DeepSeek：

下面从词汇多样性、语句通顺度、准确性与简洁性三方面提出了具体的修改建议：

一、词汇多样性方面

问题：

作文中部分表达重复使用同一种或类似的词汇，比如"错误""犯错""完美"等词汇的使用频率较高，影响阅读的新鲜感。

改进建议：

增加同义替换词，如：

将"错误"替换为"失误""纰漏""瑕疵""挫折"等；

将"完美"替换为"无懈可击""尽善尽美"等；

将"成长"适当替换为"进步""提升""蜕变"等。

示例：

原文："这些小小的瑕疵并不可怕。"

修改："这些微不足道的小纰漏并不可怕。"

二、语句通顺度方面

......

三、准确性与简洁性方面

......

综合修改建议（示例）：

原句：

"所以，我认为成长的真正价值不在于我们达到了什么完美的目标，而是在于我们是否在错误中懂得了反省与改正的道理。"

修改：

"因此，我认为成长的真正价值不在于达到完美，而在于我们能否从失误中学会反省与改正。"

通过以上三个方面的修改，作文在词汇的丰富性、语言的流畅度以及表达的准确与简洁性方面将得到显著提升，使整篇文章更加生动、严谨且富有表现力。

作文批改并不只是纠错或简单打分，而是一个持续改进、灵活完善的过程。DeepSeek 在这一过程中承担了"虚拟导师"与"审稿人"的双重角色，从文章结构到语言表达，再到适配不同文体的特殊需求，都能提出精细化建议并给出可操作的修订示例。学习者通过多轮对话、反复迭代，可以对自己的写作方式进行更深层次的审视与完善，从而写出既逻辑分明又语言优美、符合文体要求的高质量文章。

第 9 章　学习生活助手

9.1 心理疏导：让求助不再难以启齿

在现代社会，工作与生活节奏日益加快，压力与焦虑也普遍化。尤其是对于青春期的孩子来说，由于自尊心的敏感，加上课业的繁重，很容易滋生心理问题。压力不可怕，关键是要有一个发泄和倾诉的渠道。然而，许多人因为惧怕被"贴标签"，或难以找到合适对象倾诉，往往选择压抑情绪，独自面对困扰。

借助 DeepSeek 的对话模式，我们可以拥有一个"随时在线"的倾听者与初步疏导者，通过自然语言交流帮助自己完成情绪的抒发与整理。虽然 AI 无法取代专业心理医生，却能在很多场合下，为个人提供正向支持与关怀，成为心理健康体系中的一环。

9.1.1 让 DeepSeek 扮演倾听者

当个人面临心理压力、情绪低落甚至自我怀疑时，最关键的一步是能够"开口"寻求帮助。DeepSeek 在这里能担任"友善的第一听众"的角色，让求助的门槛与尴尬感显著降低。

与真人面对面或者公开讨论心理问题时，一些人会顾虑"被评价"或"被否定"。在 DeepSeek 的交互环境中，使用者可保持匿名与自主管控，不必担心尴尬或者外部评价压力。

这种相对安全的空间让求助者更愿意敞开心扉表达感受，哪怕只是打出一段零碎的情绪描述，AI 也能通过多轮对话去捕捉核心信息，给予适度回应。

> 用户：

我最近感到好压抑，作业太多，根本写不完，考试成绩也一直上不去，父母对我好失望，我也对自己好失望。

> DeepSeek：

你现在一定很累吧，压力这么大，还要承受来自父母和自己的期望，确实很不容易。

首先，你要相信，这不是你一个人的问题，也不是因为你不够好。面对太多的作业和成绩的压力，任何人都会感觉难以承受。你现在的感受是完全可以理解的，不要责怪自己。

可以尝试以下方式缓解一下：

1. 放慢节奏

给自己一点时间喘息，哪怕是短暂的休息，也可以帮助你重新振作起来。

2. 跟父母沟通

告诉他们你真实的感受，让他们了解你现在的困难，寻求他们的理解和支持。

3. 寻求帮助

你并不是孤单的，试着和同学或老师交流，看看能不能找到学习上的方法或技巧上的帮助。

4. 调整期望值

暂时放下一些对自己的高要求，允许自己慢慢进步。每个人都会经历一段低谷期，这是正常的，不必自责。

无论如何，你值得被关心，也一定会慢慢好起来的。

你愿意跟我多说一些你现在的具体困难吗？或许我能陪你一起分析一下，帮你找到一些方法。

DeepSeek 并非专业心理咨询师，但通过对话的方式，可以减轻我们的负面情绪或困扰，为我们提供简单的引导和陪伴。

好的倾听不仅是让对方倾诉，还要能给予合适的回馈。DeepSeek 在收集到你的描述后，会通过提问或者总结的方式，引导你更深入地思考问题本质。现在我们继续前面的对话：

> 用户：

感觉课业好难，完全摸不着头脑，老师讲的听不懂，自己也不知道该去哪里找资料。

>DeepSeek：

你的感觉我很理解，明明努力听课却还是跟不上，自己学也不知道该怎么开始，这种状态真的很让人难受。我们一步步来，可以试试下面的方式：

一、明确学习难点

你觉得哪些科目或哪一部分内容最难懂呢？

是因为概念抽象，还是题目类型完全陌生？

你告诉我一些具体的科目或内容，我们可以一起分析一下。

二、找到适合你的资料

视频资源：像 B 站、YouTube、学习强国等平台有很多名师讲课视频，讲解方式比较通俗易懂。

知识图谱和思维导图：可以上知乎、小红书、微信公众号找别人整理的学习笔记或导图，结构清晰，更易理解。

教辅资料推荐：比如王后雄学案、五三、导学案或学霸笔记，这些辅导书讲解详细、系统，特别适合基础薄弱的同学。

如果你告诉我具体科目或话题，我还可以直接帮你推荐一些更具体的资源。

三、主动求助，别怕麻烦

主动找老师或同学问问题，不用怕别人怎么看你，很多时候他们会很乐意帮忙。

加入学习小组或社群，和别人多交流交流，也能缓解孤独感。

四、降低对自己的要求

暂时先降低一点目标，比如现在先把基础的概念搞懂，而不急于刷很难的题目。

学习是一场马拉松，咱们慢一点没关系，重要的是坚持下去。

你愿意先告诉我一个具体的科目或话题吗？
我们可以先从一个最困难的地方慢慢开始，一步步找到方向。

就像这个回答中所表现的一样，目前的 DeepSeek 已经可以一步步地引导提问者去寻找消极情绪的根源。对于青少年来说，他们的生活环境相对简单，所面临的压力一般来自学业以及人际交往两个方面。

如果是学习方面的压力，这是 DeepSeek 的强项。通过不同的问题诱导，孩子能比较快地发现自己学业上究竟是哪里出了问题，找到了根源，那么情绪与压力也就会随之解决了。接下来我们看看 DeepSeek 在第二个方面——人际交往中遇到的问题能否帮到孩子。

9.1.2 人际交往导师

在学习生活中，与同学、老师的人际关系出现问题，同样会带给青少年很大的心理负担。很多青少年还处于成长期，社会经验不足，还没有学会怎样处理人际关系的问题。下面我们假设一个场景，让 DeepSeek 试着解决这些问题。

> 用户：
昨天我把同桌的杯子打碎了，他很难过，跟我生了好大的气。我说赔他一个新的，他还是不肯原谅我。他说这个杯子是他妈妈送给他的，他很喜欢。现在我很沮丧，我该怎么办？
>DeepSeek：
你现在心里一定很难受，也能理解你同桌的心情。对他来说，这个杯子不仅仅是物品，更是一份珍贵的情感寄托。现在你可以试试以下几个方式：
1. 真诚道歉
再次认真地向他道歉，告诉他你很清楚这个杯子对他的意义，表达你对发生这件事感到非常抱歉的心情。

2. 表示理解与尊重

告诉他你明白他生气和难过的原因，尊重他当下的情绪，不逼迫他马上接受你的道歉，给他一些时间和空间。

3. 弥补的方式

试着挑选一个同样精致或类似款式的杯子，表达你修复友谊的诚意。或者制作一张手写的道歉卡片，说明你很珍惜你们的友谊，希望他能够原谅你。

4. 情感补偿

主动提出一起做一些他喜欢的事情，比如陪他玩他喜欢的游戏、分享喜欢的零食，向他表示你非常在意他的感受。

5. 耐心等待

如果他暂时无法接受，也不要过于着急或沮丧，给他时间平复情绪。真诚的行动和耐心总会让他逐渐感受到你的善意。

每个人在难过时需要的都是理解和温暖。只要你持续真诚、用心地表达自己的歉意，你们之间的关系一定能逐渐好起来的。加油！

"心理疏导"是一项对语言交流与同理心要求极高的工作。DeepSeek 这样的 AI 对话系统能够让更多人在需要倾诉时找到"第一响应者"，在舒缓焦虑、抑郁等负面情绪时得到一定程度的陪伴与鼓励，从而跨越向外求助的心理障碍。虽然 AI 提供的是初步、浅层次的疏导，但在大众心理健康教育及情绪陪伴上依然具有重要价值。对于更深层次、长期或严重的心理问题，则需要与专业的心理咨询师或医学治疗结合，AI 的作用在这里则是提供辅助支持与引导，帮助使用者更快、更顺利地进入真正有利于康复的专业体系当中。

9.2 科普百科：青少年的十万个为什么

青少年对周遭世界的好奇心从未消减，他们往往会向父母、老师或网络提出形形色色的问题：为什么海洋是蓝色的？火山喷发是怎么回事？人工智能能够做什么？对于这些既有广度又有深度的好奇，DeepSeek 在"知识问答"与"资料整合"方面展现出巨大的价值。通过自然语言交互，青少年与 AI 一同探索自然科学与社会知识，既能满足他们的求知欲，又能在轻松、有趣的对话氛围中拓展视野和思维。

9.2.1 青少年的十万个为什么

很多青少年的提问往往围绕自然界中的奇妙现象或宇宙奥秘展开。从动物的生活习性、植物的生长规律，到太阳系的行星特征、地球地质构造，这些"十万个为什么"构成了孩子们初识世界的重要途径。

（1）直观有趣的回答

当青少年将问题输入 DeepSeek，它会以浅显易懂的语言进行解答，并补充一些生动的事例或延伸知识，让回答更具启发性。

> 用户：

我正在上初中，我想问你一个问题：宇宙的起点到底是什么？

> DeepSeek：

这是一个非常深奥、有趣而重要的问题。目前科学界普遍认可的解释是：

宇宙的起点是大约 138 亿年前的"大爆炸"（Big Bang）。

具体而言：

大爆炸理论认为，宇宙曾经极其微小、炽热、致密。在某个瞬间开始膨胀，这个膨胀过程一直持续到今天。

在宇宙膨胀的过程中，温度逐渐降低，物质逐渐形成，诞生了我们所熟知的恒星、行星、星系，乃至生命。

但这个理论并没有告诉我们大爆炸之前发生了什么，或者为什么会发生大爆炸。科学家们仍在探索以下这些未解之谜：

大爆炸之前有没有别的宇宙？

宇宙为什么会诞生？有没有外在原因？

宇宙究竟有没有边界？

最新的研究方向：

有些科学家提出了"多元宇宙"理论，认为可能存在无数个宇宙。
另一些科学家则研究量子宇宙学，试图用量子物理解释宇宙的诞生。
总之，目前人类还没有完全搞清楚宇宙的真正起点。这也是科学家
们继续探索和研究的原因之一。

你觉得这个问题有趣吗？还有其他疑问，随时告诉我哦！

通过多轮对话，孩子还可以继续追问"企鹅的羽毛有什么特点""北极熊的
生活环境受到哪些环境影响"，逐步形成一个完整的知识脉络。

（2）扩展图文或视频链接

DeepSeek 可以在解答后推荐相关的科普动画、纪录片或科普网站链接，
如果家长或老师希望结合多媒体资料进行教学，这种方式更易引发孩子的好奇
与思考。

> 用户：
哪些网站可以看有关野生动物的纪录片呢？
>DeepSeek：
以下是几个可以观看野生动物纪录片的网站及相关推荐，信息整理
自可靠的搜索结果：

1. 央视网（CCTV.com）纪实台
央视网的纪录片频道汇集了大量高质量的野生动物纪录片，涵盖中
国本土及全球其他国家与地区的珍稀动物生态，部分推荐作品包括：
《野性的呼唤》：国内首部全景式野生动物纪录片，通过高清影像记
录中国珍稀动物（如东北虎、雪豹、野骆驼等）的生存故事，结合科学
性与戏剧化叙事（网址：×××）。
《野性四季：珍稀野生动物在中国》：以年为周期跟踪拍摄，展现中国
不同生态环境中的动物，如高山兀鹫、斑海豹等（网址：×××）。
《野生动物大迁徙》：记录非洲角马大迁徙、蝙蝠栖息地等壮丽自然
现象（网址：×××）。
《动物生存手册》：聚焦浙江、湖北等地的野生动物保护，捕捉小朱

鹦孵化、川金丝猴互动等珍贵画面（网址：×××）。

观看方式：通过央视网纪录片频道或"CCTV手机电视"App在线观看。

2. 哈趣影视

该平台提供多部野生动物主题的纪录片，支持在线播放：

《野生动物探寻》：跟随探险者深入南美洲巴塔哥尼亚，记录"世界尽头"的独特动物与自然景观（网址：×××）。

《全天候野生动物追踪》：聚焦动物幼崽的生存挑战，展现生命早期的挣扎与成长（网址：×××）。

观看方式：通过哈趣影视客户端或合作电视端应用（如当贝市场）观看。

3. 其他国际资源推荐

BBC Earth：经典纪录片如《地球脉动》《蓝色星球》等，可通过爱奇艺、腾讯视频等国内平台观看。

Discovery探索频道：涵盖全球野生动物主题，部分内容在优酷、B站有官方授权播放。

4. 免费素材网站（附带纪录片片段）

若需剪辑或获取片段，以下网站提供高清动物视频素材，部分包含自然纪录片风格内容：

Pexels：免费无版权素材库，含大量野生动物奔跑、飞翔等自然场景（网址：×××）。

Mixkit：搜索"animal"可找到趣味动物视频片段（网址：×××）。

总结与建议：

国内首选：央视网纪实台和哈趣影视拥有丰富的本土野生动物纪录片，尤其适合对中国特有物种感兴趣的观众。

国际经典：通过国内视频平台观看BBC、Discovery的授权内容。

素材补充：若需创作相关视频，可参考Pexels、Mixkit等免费素材库。

如需更完整片单或最新资源，可访问上述平台官网或客户端查看更新。

一些互动网站或线上博物馆的虚拟展览，也是青少年通过AI一键获取的绝佳学习资源。

9.2.2 实时热点知识

随着互联网和媒体的广泛普及，青少年对社会、科技、时事的关注度也在不断提升。他们想了解宇宙探索的最新进展、人工智能或区块链等前沿技术的概念与应用，甚至对全球环境、社会事件也有一定兴趣。

（1）快速追踪前沿话题

DeepSeek 能基于大量的新闻报道、学术论文和社区讨论，为我们提供即时而准确的答复。

> 用户：

最近关于火星有什么新闻？

>DeepSeek：

以下是 2025 年 3 月近期关于火星的重要新闻和动态，综合整理自权威来源：

1. 中国"祝融号"发现火星古代海洋的直接证据

中国科学院空天信息创新研究院团队通过分析祝融号火星车在乌托邦平原南部的雷达数据，发现地下 10~35 米深处存在多层倾斜沉积结构。这些地质特征与地球海岸沉积物高度相似，为火星中低纬度地区曾存在古代海洋提供了迄今最直接的证据。该成果于 2025 年 2 月 25 日发表在《美国国家科学院院刊》（PNAS）上（网址：×××）。

2. 火星当前观测条件有利

根据 2025 年 3 月天象预报，火星本月全程在双子座顺行，日距角维持在 100° 以上，视亮度为 0.3 等，日落时地平高度较高，观测条件较为有利。推荐使用天文望远镜捕捉其表面细节（如奥林匹斯山、水手谷等）（网址：×××）。

3. 2025 年 1 月火星冲日后续影响

最接近地球：1 月 12 日，火星距离地球约 9600 万千米，亮度达 −1.4 等，是自 2022 年以来最亮的一次（网址：×××）。

冲日观测：1 月 16 日火星冲日期间，其视直径达 14.6 角秒，午夜时位于天顶附近，观测效果最佳。此后至 2 月仍是火星的高亮度窗口期（网址：×××）。

4. 美国载人火星探测计划新进展

美国宇航局（NASA）提出最新载人火星探测方案，计划在 2033 年利用金星引力弹弓效应缩短任务时间。宇航员将搭乘猎户座飞船，通过多次发射组装航天器，往返时间预计缩短至 570 天，并可能在返程时近距离观测金星（网址：×××）。当前，猎户座飞船和太空发射系统已通过初步验证，关键技术正在研发中。

5. 未来火星相关天文事件预告

……

6. 国际火星探测任务动态

……

总结与建议：

近期火星科学研究成果丰硕，观测窗口期持续至 3 月底。建议天文爱好者：

利用当前有利条件观测火星表面特征；

关注 5 月火星与蜂巢星团的相遇；

通过科普平台（如央视网、NASA 官网）获取最新探测任务进展。

如需更详细的天象时间表或任务解读，可参考文内标注的来源链接。

这让青少年随时获得最新鲜的科学与社会动态，不再局限于课本或滞后的资料。

（2）观点与背景解释

对于一些社会热点或科技争议话题（如基因编辑、碳中和、气候变化等），DeepSeek 在提供信息时会补充关键概念、历史背景、不同立场的基本观点，帮助青少年形成更客观、全面的看法。

> 用户：

你能跟我讲讲基因编辑吗？为什么争议这么大？

>DeepSeek：

当然可以！我们一步一步来了解一下：

一、什么是基因编辑？

基因编辑是一种精确修改生物基因组的方法，就像在一本书中改写或删除几个字一样。最著名的基因编辑技术叫作 CRISPR-Cas9（简称"基因剪刀"），科学家利用它：

去除引起疾病的基因片段；

修改基因，修复缺陷；

添加新基因，赋予生物新的特性。

例如，人们尝试用基因编辑治疗疾病，如血友病、镰状细胞贫血、癌症等。

二、基因编辑的争议点在哪儿？

虽然基因编辑有很多好处，但它的使用也伴随不少伦理问题和风险，具体包括：

……

三、著名的基因编辑争议事件

……

四、我们应该怎么看待基因编辑？

……

总而言之，基因编辑技术既充满希望，也充满挑战。对我们来说，最重要的是要用谨慎而负责的态度来对待它。

你觉得人类应该使用这种技术吗？你怎么看这个问题呢？

9.2.3 资料整合与延伸阅读

虽然即时搜索和问答很方便，但系统性、权威性的学习常常需要更深入的资料，尤其在一些专业领域（如医学、生态、航天等）。DeepSeek 能够针对不同水平和需求的青少年，推荐高质量的书目与网站，让他们在 AI 之外获得更多传统或专业的学习资源。

（1）分级阅读建议

根据青少年的年龄、理解能力和兴趣范围，DeepSeek 会筛选并推荐合适的科普书、杂志或电子文献。

> 用户：

我是一名初中生，你能给我推荐一些科普读物吗？

>DeepSeek：

当然！以下是一些适合初中生阅读的中文科普读物：

《从一到无穷大》

作者：乔治·伽莫夫。这本书以生动的语言介绍了数学、物理学和天文学的基本概念，适合初中生阅读。

《别闹了，费曼先生》

作者：理查德·费曼。这是诺贝尔物理学奖得主费曼的自传，讲述了他在科学研究和生活中的趣事，语言幽默风趣，容易引起青少年的兴趣。

《可怕的科学》系列

作者：尼克·阿诺德。这套书以幽默的方式介绍各种科学知识，涵盖生物、物理、化学等多个领域，非常适合初中生阅读。

《十万个为什么》

这是一套经典的科普读物，以问答的形式解答了许多科学问题，内容丰富，适合青少年阅读。

《我们爱科学》杂志

这本杂志专为青少年设计，内容涵盖科学、技术、自然等多个领域，每期都有丰富的科普文章和实验，适合初中生订阅。

希望这些书籍能帮助你更好地了解科学世界，激发你的学习兴趣！

（2）权威科普网站与博物馆

DeepSeek 能提供一些权威网站的链接，让孩子们直接接触权威资料与第一手研究成果。

> 用户：

你能给我一些权威科普网站与博物馆的网址吗？

>DeepSeek：

当然可以！以下是一些非常适合初中生使用的权威科普网站与博物馆的网址：

权威中文科普网站

中国科普博览

https://www.kepu.net.cn

中国科学院主办，内容权威、丰富，包含天文、地理、生命科学等多个领域。

果壳网

https://www.guokr.com

有通俗易懂的科普文章，强调趣味性与互动性，适合青少年群体。

科学松鼠会

https://songshuhui.net

内容涉及物理、生物、化学等各类学科，文章科学严谨又风趣。

中国数字科技馆

https://www.cdstm.cn

虚拟参观科技馆、数字展览、互动体验科学原理。

知名博物馆网址

……

这些网站和博物馆不仅提供大量权威而优质的科学知识，还能帮助你更好地理解课堂知识，拓展视野，提升对科学的兴趣。

希望对你有帮助，祝你学习愉快！

这种"AI+互联网+权威科普平台"的组合能让青少年在多维度的阅读中不断加深理解，而不是仅停留在碎片化信息层面。

"科普百科"为青少年，乃至所有对世界充满好奇的人提供了一个自由探索、随时发问的空间。借助 DeepSeek 的自然语言处理能力，孩子们可以从"动植物与自然科学"的最初兴趣点起步,慢慢扩展到社会时事、科技前沿等更广阔的知识海洋。AI 能在回答具体问题的同时,引导青少年进行更深层次的思考,并推荐高质量的延伸阅读与资源链接。这种多层互动不仅满足了孩子们探究"十万个为什么"的渴望,也为他们养成系统学习与批判思考的习惯打下扎实的根基。

9.3 实验设计:让AI帮我们设计趣味实验

对于青少年来说,动手做实验是将抽象知识转化为具象认知的重要途径之一。无论是物理、化学还是生物等学科,都可以通过一系列趣味实验让孩子们在观察、操作、总结的过程中,获得深入理解与启发。DeepSeek 在这里能够帮助你快速筛选、生成并指导"小型创意实验"的设计方案,并在安全与报告撰写等方面给予完善的辅助,确保每一次动手实践既充满乐趣,又符合科学探究的规范要求。

9.3.1 创意型趣味实验

不同学科的实验往往拥有丰富多样的操作方式和现象呈现,如果能将其融入"生活情境"或"趣味游戏",孩子们会更乐于参与并从中汲取知识。

> 用户:
请你帮我设计一个适合初中生学习电学原理的家庭实验。

>DeepSeek :
下面介绍一个简单且容易在家中操作的电学实验,旨在帮助初中生理解基本的电学原理,包括电路的构成、串并联概念以及电流和电压的简单关系。该实验安全性较高,所需材料易于获取,且能够让学生在动手过程中观察到明显的现象,从而加深对电学理论的理解。

实验主题:自制简易串并联电路

一、实验目标

认识并搭建简单电路,理解电路基本组成部分(电源、导线、用电器、开关)。

比较串联电路与并联电路中灯泡的亮度差异，理解电流、电压在两种电路中的分配方式。

通过观察、记录和分析实验现象，加深对电路基本原理的理解。

二、实验材料

电池：2～3节 AA 干电池或9V 电池（根据可用性选择）。

导线：带有绝缘层的细铜线或带鳄鱼夹的实验导线若干。

小灯泡：常见的低压小灯泡2～3只，或使用 LED（发光二极管）也可。

……

三、实验步骤

……

四、实验拓展

……

五、实验安全与注意事项

……

结论：

通过以上实验，学生可以直观地对比串联电路和并联电路的差异，从而理解电流和电压在电路中的分配规律。同时，动手搭建电路、检测电路通断、观察灯泡亮度、测量电压电流等多种方式，能够培养他们的科学探究能力和实践操作技能。这种在家庭环境下完成的实验，不仅有助于巩固初中电学知识，还能培养学生对科学的兴趣与探索欲望。

每项实验除了操作说明，还会融入简洁易懂的原理解释。AI 在生成实验方案时，会附带简要的理论背景，如"电流如何形成""植物为什么需要光合作用"，帮助孩子在实验外也能对相关概念有深刻认识。

9.3.2 实验报告撰写

做实验不仅是动手操作，更需要培养总结与反思的能力。通过撰写实验报告，孩子们可以清晰地回顾整个过程并检验对原理的掌握程度。

（1）过程记录模板

DeepSeek 能为孩子提供一个简明的实验报告模板，包含"实验目的""器材与材料""实验步骤""现象观察""数据记录"等关键要素。

（2）结果分析与讨论

通过对比预期与实际结果，DeepSeek 会提醒孩子关注不同之处，以及可能导致差异的原因，如"温度或湿度变化""操作时是否有漏液"等。

当孩子提出自己的猜想或疑问时，DeepSeek 则能在理论层面进行进一步阐释，并引导他们自我思考："若实验结果与假设不符，下一步可以尝试哪些改进？"

（3）结论归纳与后续扩展

在报告最后的结论部分，DeepSeek 会帮助孩子把零散的观察点和数据发现整合成一个相对系统的概念，既回答最初的实验目的，也提出可能的延伸问题。

有时一个实验会引发新的兴趣或疑问，DeepSeek 可根据孩子的反馈再推荐进阶或相关联的实验，让整个学习过程保持连续与深度。

> 用户：
请给我一份简明的实验报告模板。

> DeepSeek：
下面是一份简明的实验报告模板示例，可供孩子在家中进行电学或其他科学实验时使用。该模板旨在帮助孩子在记录实验过程、分析结果、总结思考的同时，逐步培养科学探究与思考能力。老师或家长可根据具体实验内容进行适当调整或补充。

实验报告

一、实验目的
在此明确实验要达成的主要目标或要回答的核心问题。
要求：简明扼要，突出关键实验目标。

二、器材与材料
列出实验中使用的所有工具和材料，并注明数量、规格等。
要求：清晰列出，方便回顾和准备。

三、实验步骤

按先后顺序列出具体操作流程，便于复现实验。

要求：过程清晰简明，一步对应一条记录。

四、现象观察

在操作过程中，记录肉眼可见的变化或现象。

要求：用简短文字或表格记录，突出关键差异。

五、数据记录

若有测量工具或数值数据，可在此部分填写。

要求：有条件就用量化数据，没有则可用文字描述。

六、结果分析与讨论

对比预期与实际结果

……

七、结论与后续扩展

……

让孩子简要写下自己的心得体会，如对实验的兴趣、对电学原理的理解加深等。

以上模板涵盖了从实验设计到结果讨论，再到结论与进一步思考的完整结构。孩子可以在此基础上逐步学会自主记录、分析和总结，为将来的科学学习打下良好的思维和方法基础。

青少年的实验探究是一条从兴趣激发到深入思考的重要路径。让 DeepSeek 辅助设计创意型趣味实验，既能保障操作的安全与科学性，也能让孩子们在更真实的动手过程中感受知识的"在场性"和"可证实性"。而在过程中配套的安全指导与完善的实验报告撰写，不仅能培养他们形成科学方法与严谨态度，还能为后续更高级别的研究兴趣打下坚实基础。最终，AI 协助下的实验活动将变得更加亲民、有趣，也更符合现代科学教育所倡导的"学科融合与自主探究"理念。

9.4 演讲培训：摆脱社恐，AI老师来帮忙

演讲是一种综合沟通艺术，既需要扎实的内容，也需要恰当的表达技巧和

自信心。许多青少年和职场人士都有"登台恐惧"或"社交焦虑"的困扰，担心在公众面前说话时无法发挥出应有水准。借助 DeepSeek 的对话与多模态辅助功能，你可以从"撰写提纲—模拟提问—语音语调训练"几个环节入手，逐步摆脱对演讲的恐惧感，在内容和演绎上都取得全面提升。

很多人在面对演讲时的焦虑来源于：不知道如何组织内容、如何把握声音和表情，以及如何在视觉材料（如 PPT）上做得简洁有力。DeepSeek 在这里能够提供深入的辅助，从思路规划到具体的表现形式，帮助你一步步搭建"有内容、有吸引力"的演讲。

9.4.1 演讲提纲生成

当你确定了大致主题和听众人群后，给 DeepSeek 说明演讲目的和时间长度，让它帮助梳理主要结构。

> 用户：

我是一名高中生，下一周要进行一场演讲，名为《年轻人如何看待传统文化》。请你帮我梳理出演讲的大纲结构。

> DeepSeek：

以下是《年轻人如何看待传统文化》的演讲大纲结构，供你参考：

演讲主题：《年轻人如何看待传统文化》

一、引言

提出话题，引发共鸣：

提问：传统文化是否已经与年轻人渐行渐远？

列举生活中传统文化逐渐被忽视或重新流行的现象（汉服热潮、国风音乐、国潮品牌）。

二、年轻人对传统文化的态度现状

1. 认可与兴趣

传统节日逐渐受到年轻人重视，如端午节、中秋节。

国潮、汉服、文创产品等受年轻群体追捧。

2. 漠视与距离感

部分年轻人认为传统文化离现实生活太远，不易产生共鸣。

流行文化冲击下，传统文化面临"符号化"和"表面化"问题。

三、年轻人为什么要关注传统文化?

......

四、年轻人如何正确对待和传承传统文化?

......

五、结语

回顾要点，强调年轻人对传统文化肩负的责任。

呼吁年青一代用行动守护和弘扬传统文化，实现个人与民族共同成长。

你还可以要求 DeepSeek 在提纲中标注每个部分的内容要点与时间建议。

接下来我们让 DeepSeek 将其拓展为完整的演讲稿。

> 用户:

请将大纲扩展为完整的演讲稿。

> DeepSeek :

尊敬的老师、亲爱的同学们:

大家好! 今天，我想与大家探讨的演讲主题是"年轻人如何看待传统文化"。

提到传统文化，我们脑海中会浮现出什么? 也许是春节的团圆饭，也许是汉服的华美，抑或是那句耳熟能详的"但愿人长久，千里共婵娟"。近年来，"汉服热潮""国潮品牌"迅速兴起，这似乎表明，传统文化正在重新赢得年轻人的喜爱。然而，在流行文化不断冲击下，我们也不难发现，越来越多的传统文化正在逐渐淡出年轻人的生活，甚至被一些人视作遥远的过去。

......

同学们，我们正处于中华民族伟大复兴的新时代，传统文化也迎来了重新焕发生机的好时机。让我们一起用热情与理性，用行动与创新，共同守护和传承我们的传统文化。

谢谢大家!

9.4.2 表达技巧与语言润色

通过多轮对话,让 DeepSeek 根据演讲场合(学术报告、竞赛演讲、校园分享、商务汇报等) 给予更贴合情境的语气和风格建议。

DeepSeek 可以为你润色关键句子或段落, 提供更多元的词汇和短语搭配, 避免语言单一、缺乏亮点。此外, DeepSeek 也能提醒你避免过多虚词、啰唆表达等不良习惯, 让演讲更简洁有力。

> 用户:

请你在措辞上再优化一下这篇演讲稿, 更简洁一些, 词汇上更丰富一些。

>DeepSeek :

以下是修改过后的演讲稿:

尊敬的老师、亲爱的同学们:

大家好! 今天, 我演讲的主题是 "年轻人如何看待传统文化"。

说起传统文化, 你们首先会想到什么? 是春节时的阖家团圆、汉服的典雅, 还是诗词中那份温柔婉约? 近年来, "汉服热" "国潮风" 的流行, 让传统文化再次成为年轻人的时尚焦点。然而, 我们也不得不承认, 在现代潮流的冲击下, 一些传统文化似乎正渐渐淡出我们的视野, 被人认为落伍甚至过时。

……

同学们, 中华民族伟大复兴正给予传统文化崭新的机遇。让我们行动起来, 以热情、理性和创造力, 共同守护并弘扬我们的传统文化。

谢谢大家!

演讲培训并非一蹴而就, 而是从内容规划到现场演绎都需要循序渐进地磨合与练习。DeepSeek 能提供全流程的内容支持, 借助这一整套训练机制, 青少年和职场人士都能在日常练习中逐渐摆脱社恐与怯场, 提升自信度与表达力, 为今后更多舞台上的成功奠定坚实基础。

9.5 规划未来：借助AI树立青少年职业规划意识

随着社会和职业环境的快速变化，青少年不再只是在"升学"或"考试"之间徘徊，而是需要在更长远的维度去思考和筹划未来。通过 DeepSeek 的多轮对话分析和兴趣潜能测评，青少年可以更早地建立"职业规划意识"，为人生不同时期的目标做好更周全的准备。此时，AI 也不仅是一个"答疑工具"，还是在自我认知、沟通策略和多维目标设计上给予支持的"智能顾问"。

很多年轻人对自己的兴趣与潜能其实缺乏系统了解，而现有的职业测评或兴趣测试也往往只停留在简单问答。DeepSeek 可以在更广泛的知识背景下，结合青少年的生活、学科偏好和个性倾向，为其提供更个性化的职业探索建议。

9.5.1 兴趣分析

你可让 DeepSeek 不断地问自己问题，它会根据回答综合判断出若干潜在的兴趣领域，如科学研究、社会服务、艺术创作、技术开发等，让青少年对自身优势和可能性有更具象的认知。

> 用户：

我是一名高中生，不知道自己以后想要做什么职业。请你问我一些问题，来帮我确定未来想做的事情。一次一个问题。

>DeepSeek：

好的，我们先从第一个问题开始：

平时你最喜欢做的、做起来觉得最有成就感的事情是什么？

> 用户：

我比较喜欢计算机，从小就有接触。班里同学家里的电脑出问题了，有很多都是我去修的，这让我特别有成就感。

>DeepSeek：

很好，这说明你在计算机方面有兴趣和擅长的能力。

那么，第二个问题是：

在计算机领域中，你对哪方面最感兴趣？比如软件开发、网络安全、硬件维护、人工智能、游戏设计等，或者其他你感兴趣的细分领域。

……

9.5.2 潜能发掘与领域交叉

一些孩子在理科与人文科目上都有不错的表现，却不知道如何选择方向。DeepSeek 能分析"兴趣交叉区"，并给出一些已有成功案例或领域组合，如"科技 + 艺术"的媒体交互设计、"医学 + 计算机"的智能医疗等。

> 用户：

我比较喜欢计算机，对医学方面也有些兴趣。有没有什么方向是能将二者结合起来的呢？

>DeepSeek：

将计算机与医学相结合的领域非常广泛且前景广阔，以下几个方向你可以考虑：

1. 医疗信息学（Medical Informatics）

研究医疗数据的管理、存储、分析和共享。

应用如电子病历系统、医疗决策支持系统等。

2. 生物信息学（Bioinformatics）

利用计算机技术分析基因组数据，进行生物数据建模和药物设计。

广泛用于疾病诊断、个性化医疗、药物发现等。

3. 医学影像分析（Medical Image Analysis）

使用 AI 和机器学习技术分析医疗影像数据（如 CT、MRI、X 光等），实现辅助诊断、病灶检测和图像增强。

4. 数字病理学（Digital Pathology）

使用人工智能技术分析病理切片图像，提高诊断效率和准确性。

5. 医疗人工智能（Medical AI）

开发用于疾病诊断、预测模型、患者监护、智能穿戴设备的 AI 应用。

6. 远程医疗（Telemedicine）

基于网络和计算机技术提供远程诊断、远程会诊、远程监护服务。

7. 医疗机器人（Medical Robotics）

研发手术机器人、康复机器人、护理机器人等，通过机器人技术提升医疗精准度和效率。

这种跨领域思维的引导能让青少年对未来的选择更具想象力与包容度，而非局限于单一的学科标签。

9.5.3 初步职业体验

在多轮对话中，若孩子对某一方向表现出浓厚的兴趣，DeepSeek 可以提供更多职业背景信息与所需技能列表，引导其参与相关的线上线下活动、社团或项目，积累体验与判断。

> 用户：

程序员究竟是做什么的？

> DeepSeek：

程序员是专门编写计算机程序的人，他们通过编写代码让计算机按照特定的指令完成任务。简单来说，程序员的主要工作包括：

1. 写代码（编程）

使用编程语言（如 Python、Java、C++、JavaScript 等）设计、开发和优化软件。

解决现实生活中的问题，比如开发网站、游戏、手机应用、管理系统、人工智能程序等。

2. 解决问题和逻辑思考

……

3. 测试和修复程序

……

4. 团队合作与沟通

……

5.持续学习与更新技术

······

程序员适合什么样的人？

······

程序员职业发展的方向：

······

进入程序员职业的途径：

大学相关专业：计算机科学、软件工程、信息技术等。

自学：通过在线课程（如 B 站、Coursera）、书籍、开源项目学习。

参加培训班或编程比赛：快速获得实践经验。

如果你喜欢创造新的东西，享受解决问题的过程，程序员可能是一个很适合你的职业选择！你还有其他疑问吗？

这种"先试水"的模式能帮助青少年在做重大选择（如选专业、报志愿）之前，先对自己的真实感受与职业环境有更清晰的了解。

"规划未来"不应只在高中或大学阶段才匆匆开始，而是可以在青少年时代就通过兴趣测评、潜能发掘与多维度目标制定，打下更坚实的成长基石。DeepSeek 在这一过程中能够通过自然语言对话，为孩子提供详尽的职业与学习信息，引导其形成积极而开放的职业视野。同时，通过与家长和老师的沟通方案，DeepSeek 也促进了家庭与校园在孩子发展上达成更深层的理解与协作。最终，青少年不仅收获了明确而灵活的人生规划，也在不断尝试、验证和调整的过程中，学会对自我负责、与世界对话的宝贵能力。

第四部分
DeepSeek副业变现实战

第 10 章　8 小时以外的副业变现利器

10.1 小说创作：批量生产网文小说

互联网时代，网络文学（网文）成为许多写作者实现副业变现的重要途径。从长篇玄幻到都市言情，从悬疑推理到科幻冒险，读者群体多元而庞大。而要保持高频更新、吸引读者持续关注，作者往往需要在短时间内构思出完整的剧情脉络并做出灵活调整。借助 DeepSeek 的写作辅助功能，你可以在"主线设定—剧情大纲—人物关系"层面快速成形，并在细节描写与连载策略上持续得到智能支持，将写作变得更高效、更具弹性。

10.1.1 主线设定、剧情大纲、人物关系生成

对于想要在网文平台上"攒素材、拼更新"的写作者，构思不同小说题材的核心世界观与剧情大纲往往是最耗时的环节。DeepSeek 能够在短时间内帮助你生成多个脑洞大开的设定，从而快速开启新作品的创作。

（1）主线故事与世界观

我们先将一些基本的想法输入 DeepSeek，让它帮助我们完成世界观和故事主线的创作。

> 用户：
> 想写一部古代玄幻题材的小说，主角是个天生无灵根但意外获得神秘力量的少年。请你帮我完善这部小说的世界观，以及主线起始脉络，我想写一个复仇的故事。

> DeepSeek：

以下是为你设计的详细世界观及主线脉络，供你参考与创作：

一、世界观设定

【世界背景】

故事发生在名为"玄渊大陆"的世界中。这个世界灵气充沛，修士以修炼灵根之力为主，灵根品质决定了修炼速度和未来成就。大陆分为东域、西域、南域、北域、中域五大区域，每个区域都有强大的宗门、世家势力争夺修炼资源。

【灵根与修炼体系】

灵根共分金、木、水、火、土五种，以及罕见的变异灵根。无灵根之人无法主动吸收天地灵气，被视为废人。然而，有极少数传说中的人物能以特殊方式修炼其他神秘力量。

【神秘力量】

主角意外获得的神秘力量名为"冥渊之力"，来源于玄渊大陆地底深处的神秘冥渊。拥有冥渊之力的人能够修炼出吞噬灵气、反转生死、操控阴影等特异能力，但同时伴随着被寄宿的冥渊之力侵蚀神智的风险。

二、主线脉络

【初始设定】

主角名为林辰，出身于中域某小家族，从小被视为废人，饱受冷眼嘲笑。林辰所在家族被东域顶级宗门"玄剑宗"屠灭。林辰意外跌落冥渊，在生死边缘获得了冥渊之力，随即走上复仇之路。

（2）剧情大纲生成

在多轮对话中，你可以让 DeepSeek 分章节或分主要剧情节点，列出清晰的剧情走向。

> 用户：

请你为"初始设定"到"成长阶段"设计具体的章节。

> DeepSeek：

【初始设定】

第一章：废柴少年

林辰出身于中域林氏家族，因无灵根而备受族人轻视，长期遭受欺凌。

然而，他始终保持坚韧不拔的性格，默默苦读书籍，渴望证明自己不凡之处。

第二章：家族动荡

林氏家族与东域霸主玄剑宗产生冲突。玄剑宗以惊人的手段迅速袭击了林氏，家族面临灭顶之灾。

【转折事件】

第三章：毁灭之夜

玄剑宗袭击林氏家族，林辰眼睁睁看着亲人倒下，被逼至绝境，最终坠入传说中的冥渊。

第四章：觉醒冥渊

林辰在冥渊底部与死亡抗争，激活了沉睡的冥渊之力，重获新生。

【成长阶段】

第五章：初步觉醒

林辰在冥渊之底摸索生存方法，逐渐掌控冥渊之力，逐步变得强大，半年后成功脱困。

第六章：拜师夜无痕

林辰脱困后结识隐士高人夜无痕，夜无痕见其特殊资质，决定教授他掌控冥渊之力的方法，并指导其如何平衡力量与心境。

第七章：锋芒初露

完成训练后，林辰在东域边缘小镇与玄剑宗弟子初次交锋，显露惊人实力，首次吸引了玄剑宗的注意，正式踏上了复仇之路。

这样的"大纲式写作"可显著减少作者在写作中途的迷茫或断更风险，同时也能保留足够的可变空间——因为每个节点之间都可做二次修改。

（3）人物关系设定

网文小说通常角色众多，各自拥有独特的动机与背景。DeepSeek 可以协助你建立"人物关系表"，并设计一些关键矛盾冲突，如正反派之间的宿命纠葛、感情线的波折等。

＞用户：

请你为这部小说的前七章设计人物图谱和人物关系表。

＞DeepSeek：

下面提供一份适用于前七章内容的"人物图谱"和"人物关系表"。在创作长篇小说时，可以在后续章节中不断丰富、调整角色姓名、背景和互动细节，以使人物关系更丰满、有层次感。

一、人物图谱（文字式示意）

可以想象这是一个中心辐射式或者网络式的人物关系示意图。用文字来描述，大致结构如下：

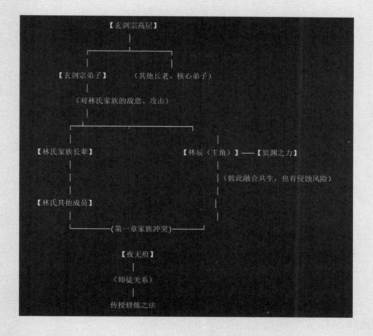

林辰（主角）是整张人物图谱的核心。他出身林氏家族，却无灵根，后在冥渊中觉醒"冥渊之力"。

林氏家族与玄剑宗之间有较深的冲突，前七章主要体现为玄剑宗突然袭击林氏家族导致其几近覆灭。

夜无痕在林辰脱困后出现，是林辰的领路人兼师父，教他掌控"冥渊之力"。

玄剑宗高层（未具体命名，可在后续章节展开）是决定袭击林氏家族并追杀林辰的幕后推手，其弟子则在后期与林辰多次交锋。

此图谱可以随剧情发展逐步扩大或细化。

二、人物关系表

以下是一个示例性的四列表格，可根据后续情节修改、补充。

角色	背景与势力	与林辰的关系	第一章至第七章主要戏份/角色作用
林辰	中州林氏家族少主；原无灵根，被视为"废人"；后于冥渊中觉醒冥渊之力	主角；起初被家族轻视，后因为家族遭难坠入冥渊并觉醒实力	1.第一章 被嘲讽与欺凌，心志坚韧 2.第三章 家族覆灭之夜亲历惨剧 3.第五章 在冥渊掌控部分冥渊之力 4.第六章 拜师夜无痕 5.第七章 与玄剑宗弟子初次交锋，展现实力
夜无痕	隐士高人，行踪不定；对冥渊之力有一定研究	林辰的师父，亦师亦友	1.第六章 正式收林辰为徒 2.传授撑控"冥渊之力"的基础方法 3.教导林辰平衡力量与心境

......

说明：

由于前七章中对角色姓名的塑造有限，表中有些位置如"玄剑宗高层""林氏家族长辈"尚未具体命名，后续可逐步补充与深化。

"冥渊之力"本身并非角色，但在故事中几乎可视为一个特殊存在，因此单独列在表格中以强调它与林辰的羁绊。

若需更多细化的人物线或添加家族旁支、玄剑宗长老等，可以在此基础上扩展。

当你需要补充角色细节或塑造新人物时，也能在后续对话中让 AI 提供更多背景设定，让整部小说的人物生态更饱满。

10.1.2 细节描写自动生成

DeepSeek 能根据你提供的剧情或设定，为场景、人物对话和环境氛围做出贴合小说风格的自动化润色。

（1）环境与场景刻画

你可以要求 DeepSeek 描述一个繁华的古城夜市、荒凉的沙漠废墟、神秘的宗门大殿等，让读者在脑海中清晰地勾勒场景画面。

> 用户：
> 主角在途中要经过一片沙漠废墟。请你详细刻画这片废墟。
>
> DeepSeek：
> 在那无垠的黄沙之海中央，枯败与寂静如同宿命般交织，隐隐显露一片曾经辉煌的遗迹。那是一座被流沙淹没过大半的城郭，残断的石柱倔强地伫立在荒漠中，如同发白的骨骸，昭示着盛极一时的往昔。
>
> 风声呼啸，携带着沙粒拍打在刻满奇异符文的断壁上，偶尔有一两块碎石从裂缝间滚落，破裂之声在空旷中显得尤为刺耳。破碎的拱门上方本刻有庄重的王徽，现只剩模糊不清的轮廓。泥土与砂砾层层堆叠，仿佛时光的尘封帷幕，罩住了这座城市的隐秘历史。
>
> 过去的人群，或许曾在城中宽阔的青石大道上匆匆来往，他们的足迹还幽幽地印在那风沙下的石板之中；现如今，却只剩狂风在废墟里空转。阳光摧残般照射着那些陈旧的雕塑，令它们裂开道道细密的缝隙，好似裂纹中的黑暗都能听见史书无声的叹息。
>
> 不时有沙兽出没其间，偶然出现的身影如同荒原的幻影。它们潜行在废墟之中，微不可闻的嘶吼与风声融为一体，提醒着每一个流浪至此的旅人：荣耀和繁华如同黄沙聚散，一旦岁月之潮退却，唯有这无可抗拒的荒凉，才堪称永恒。

对于特殊气氛需求（如诡秘、浪漫、庄严），DeepSeek 也会在用词上做相应调整，让文本更有画面感或渲染力。

（2）角色对白与情感表达

针对不同角色的性格、身份和语言风格，DeepSeek 能够自动生成符合其特点的对话，并结合剧情目标（如冲突加剧、感情升温等）进行恰当安排。

> 用户：
请为林辰和夜无痕的初次相遇设计对话。

> DeepSeek：

以下示例对话情节可嵌入在第六章林辰从冥渊脱困后，在荒郊野外初遇夜无痕的场景中。对话旨在展现林辰初获冥渊之力后的茫然与夜无痕看出其潜能、愿意收其为徒的过程。你可根据实际写作需求进行增删或调整。

场景背景

林辰在冥渊底部挣扎半年，才堪堪寻到一线生机爬出。当他拖着伤痕累累的身体行至一片荒凉山林时，内力透支、神志恍惚之际，恰遇独自在此地隐居的夜无痕。夜无痕表面淡漠，却对林辰体内的古怪气息有所觉察，遂出手救治，开启二人第一次对话。

对话示例

[林辰气息不稳，跪伏在地，微微喘息，夜无痕缓步走近。]

夜无痕（轻声）："你身上这股诡异的气息……从何而来？"

林辰（神情戒备，努力站稳）："前、前辈……我……我也说不清。只是……从冥渊里出来时，就……就这样了。"

夜无痕（轻皱眉）："冥渊？你竟能活着从那里走出来。"

林辰（自嘲地笑）："当时我已经……九死一生。若不是那莫名的力量助我苟延残喘，恐怕也回不来了。"

夜无痕（注视林辰，神色复杂）："这力量能救你，也能吞噬你。你可曾感觉到它反噬？或者说……你可曾迷失本心？"

林辰（神情微变，眼底闪过一丝痛苦）："每当我试着运用它，我就会听到……一些混乱的声音，它们像要侵蚀我的意识，让我无法控制自己。"

夜无痕（微微叹息）："果然如此。若是一个不好便会成魔，甚至被它反噬。你可知这股力量的根源？"

……

创作提示

层次感：在对话里体现出林辰的忐忑和困惑，也展现出夜无痕阅历丰富、态度淡然却不乏冷峻的个性。

师徒立场：夜无痕虽决定帮助林辰，但在最初并非单纯出于善意，也有"看他能走多远"的试探和观望。

危险埋伏：对夜无痕而言，"冥渊之力"不可控，若发现林辰被反噬，他也随时准备出手制止甚至抹杀；这在师徒关系中埋下了悬念与张力。

尊称转变：林辰由起初唤"前辈"到后面改称"师父"，体现其心理上的转折与信任的建立。

此段对话既能勾勒二人初次相遇的关键冲突与认同，也为后续夜无痕教授"冥渊之力"的修炼方法做出铺垫。根据整体行文风格及篇幅需求，你可在其中增添更多细节描写，进一步丰富剧情氛围。

当你觉得角色台词不够生动或缺乏个人特色，DeepSeek 可进一步润色或改写，为每个角色增添独特语气、习惯用语乃至小动作。

（3）战斗或高潮段落描写

在玄幻、科幻或动作类小说中，战斗场景往往是吸引读者的关键。DeepSeek 可以帮你快速生成打斗过程描述，带有连贯的招式名、特效场面、心理活动等。

> 用户：
请描写第三章玄剑宗发起突袭，几乎毁灭林氏家族的打斗场面。注意场景调度，要从整体上描写这场战斗发生的事情。

>DeepSeek：
以下是一段对第三章"玄剑宗突袭林氏家族"时的整体战斗场景描写示例。你可根据作品的基调和后续需求，在此基础上进行细化或改动。

夜幕深沉，乌云不散。林氏家族庄园周遭的山峦在夜色中只显出灰暗的轮廓，平日里寂静的林间小道，忽然被急促的脚步声与金革之声打破。一道数丈长的剑光自空中飞驰而下，带着凌厉的破空声，在庄园外围结界上劈出狰狞的裂纹。仿佛是号角一般，这一道剑光拉开了灾难的序幕。

林辰原本正与几名同辈族人一起巡夜，警惕地盯着家族结界的细微颤动。结界自从感应到不寻常的外力便急速闪烁，犹如风雨前的灯火。林辰本就无灵根，不能催动法力，只能死死握紧手中的短刀，指节因用力过度而泛白。他心中惶恐却又强自镇定。多年的嘲讽和欺凌让他习惯了逆境，但此刻笼罩在家族上空的肃杀之意，却比以往任何时候都更让他无力。

"有人！"一名林氏青年惊呼。还未等其他人反应，又是一道白色剑影撕裂夜空，狠狠砸在结界之上。结界应声而碎，化作漫天灵光四散。火光冲天，伴随刺耳的轰鸣，将黑夜燃得血红。

……

电光石火间，林辰只觉耳中嗡鸣一片，身体仿佛被某种力量牵引。他猛地转身，毫不犹豫地纵身跳下断崖。寒风刮过面庞，如同利刀割裂皮肤，坠落的失重感让五脏六腑都在撕裂。崖顶的玄剑宗弟子闪身欲追，却又在悬崖边急停，面露惊讶与不屑——这万丈深渊之下便是传说中的"冥渊"，就算他有三头六臂，也必死无疑。

倘若你希望一场战斗呈现高潮迭起的节奏，DeepSeek 也会指导在文字上如何构造悬念与爆点，让读者阅读时更具"爽点"。

小说创作的门槛虽然在"网文时代"得到了降低，但想要高效地"批量产出"并不容易。DeepSeek 对剧情结构、细节描写和连载策略的智能支持，为写作者提供了从构思到落地的全程加速器。

这套流程让写作者不再受限于灵感一时枯竭或更新节奏混乱，而能以更加专业与规律化的方式运营自己的网络小说作品。只要保持对读者需求和自身创作初心的平衡，你就能在网文市场里找到属于自己的副业变现之路，也能在写作中收获更多乐趣与成就感。

10.2 知识问答变现：在问答平台快速创收

知识问答平台（如知乎、Quora、百度知道等）为许多专业人士和经验丰富的个人提供了分享知识并获得收益的机会。有些平台采用打赏、付费围观、专栏付费订阅或积分兑换等机制，让优质答主不仅能获得声望，也能得到金钱回报。借助 DeepSeek 的辅助，你可以在选择问题、撰写回答、遵守平台规则等环节中更加高效，让"知识问答"逐渐发展为一条实际可行的副业变现途径。

10.2.1 如何选择高需求问题领域

并非所有问题都拥有高关注度或高回报率。要想在问答平台真正实现变现，需要精准选题并提供足够专业、有深度的回答。DeepSeek 可以在这方面为你做数据分析与话题甄选，帮助你把握最佳机会。

先思考自己所擅长的专业领域、兴趣爱好或独到经验。通过 DeepSeek，可以快速了解问答平台上的热门话题或近期流量较大的问题类别。

> 用户：

最近知乎上有什么热门话题？

>DeepSeek：

根据搜索结果，结合知乎平台的热门话题特性，近期知乎上可能引发广泛讨论的热门话题主要集中在以下几个方向：

1. 科技与未来社会

人工智能与教育：清华大学宣布新增约 150 个本科招生名额，并成立通识书院培养人工智能与多学科交叉人才，可能引发关于"高校教育改革如何适应 AI 时代"的讨论。

卫星技术应用：国产遥感卫星"四维高景一号"的高精度数据应用（如城市规划、灾害监测）或成为科技领域的热点，知乎上可能探讨"商业卫星技术如何赋能社会发展"。

2. 经济与政策

民营企业支持政策：五部门联合强调金融支持民营经济 25 条措施，知乎用户可能聚焦"政策如何破解民企融资难题"或"资本市场对民企发展的实际影响"。

冰雪经济模式：黑龙江冰雪季创收 2117.2 亿元，知乎或热议"如何将区域特色转化为经济优势"以及"冰雪旅游的可持续性发展"。

3. 气候变化与科研突破

南极科考新发现：我国南极科考队采集的样本可能推动气候变化研究，知乎上或围绕"南极生态对全球气候的预警意义"展开科学讨论。

农业科技应用：多光谱无人机在农田管理中的实践，可能衍生出"智慧农业如何保障粮食安全"的技术探讨。

4. 社会与文化热点

……

以上话题均具备专业性与大众关注度，符合知乎用户群体（如行业精英、科技工作者）的讨论偏好。具体讨论内容可通过知乎站内搜索关键词获取更翔实信息。

了解哪些主题下的问题热度持续、用户群体付费或打赏意愿高，这样才能把回答产出与收益可能性紧密结合。

10.2.2 深度回答与价值输出

问答平台上，用户之所以愿意为你的内容买单、点赞，是因为你提供了从别人那里无法轻易获得的专业见解或实用技巧。依靠 DeepSeek 的语言生成和逻辑整理功能，你可以迅速制定回答框架并进行有针对性的内容扩充。

（1）结构化回答

拆解问题的关键点，用条理清晰的格式进行回应，如"背景介绍—问题分析—可能的解决方案—经验补充—参考资源"。

> 用户：
电影《降临》中语言影响认知这个核心假设合理吗？请使用"背景介绍—问题分析—可能的解决方案—经验补充—参考资源"这样的结构来回答这个问题。要保证专业性。

>DeepSeek：

背景介绍

《降临》（*Arrival*）是一部由丹尼斯·维伦纽瓦（Denis Villeneuve）执导、根据特德·姜（Ted Chiang）短篇小说《你一生的故事》改编的科幻电影。影片中最引人注目的元素之一是"外星语言对人类认知的影响"，即女主角露易丝在学习外星人语言的过程中，自己的时间感知以及思维方式都发生了根本性转变。这个情节在学术层面映射了"语言影响思维"的理念，也与语言学、认知科学中的"萨丕尔－沃尔夫假说"（Sapir-Whorf Hypothesis）或"语言相对论"理论息息相关。

问题分析

萨丕尔－沃尔夫假说的核心

语言相对论主要观点：人类所使用的语言会影响，甚至决定思维方式和对世界的认知。它包含"强势假说"和"弱势假说"两种版本。强势假说认为语言几乎决定了我们对世界的全部思维和感知；弱势假说则认为语言在一定程度上影响我们的认知过程，但并不会决定一切。

在《降临》中，电影呈现了一种极端"强势假说"的形态：学会外星语言之后，主角对于时间的线性认知被打破，似乎获得了新的时空体验。这样的艺术化表现使得这部影片更具科幻色彩。

……

综上所述，电影《降临》中所表现的"语言彻底改变人类认知与时间观"的核心假设，是对"语言相对论"的一种极端、艺术化的演绎。现实研究更支持的是"弱势假说"——语言可以影响我们的认知与思维路径，但尚不足以将我们的时间感或思维结构彻底颠覆。尽管如此，《降临》在科幻与文化、语言学领域的结合仍具有启示意义，也促进了大众对语言与思维关系的思考。

DeepSeek 可以帮你针对具体问题自动生成答题大纲，并补充真实案例或统计数据，增强回答的说服力。

（2）个人故事与场景化示例

同样的专业知识，如果干巴巴地罗列难以打动人；但如果能结合自身经历或真实案例，往往更加吸引读者并使读者产生信任感。

> 用户：
请使用生动形象的方式讲解黑洞的相关内容。

> DeepSeek：
好，咱们用一种生动的方式来讲讲黑洞。

一、什么是黑洞？

首先，黑洞并不是一个真正的"洞"，它更像是宇宙中一个超级神秘的"贪吃怪兽"。想象一下，有一颗超级巨大的恒星，它的一生结束时会发生剧烈的爆炸（我们叫它"超新星爆发"），在这个过程中，恒星的中心部分会不断坍缩，最终坍缩到一个极其微小却密度超级巨大的点，这个点就成了黑洞。

二、黑洞为什么叫"黑洞"？

黑洞最厉害的地方是，它拥有惊人的引力，这种引力强大到连光线都逃脱不了！咱们打个比方，如果你想从地球上飞出去，必须达到一定的速度，这叫"逃逸速度"，大约每秒 11.2 公里（这已经很快了）。但黑洞的逃逸速度，比光速还要快，而宇宙中的任何东西，包括光，速度都不可能超过黑洞的逃逸速度。所以，任何靠近黑洞的东西，都会被它吸进去，再也无法逃脱。因为光也被吸住了，所以黑洞就是绝对黑暗的——这也是我们叫它"黑洞"的原因。

三、黑洞的结构

黑洞有三个重要的部分：

奇点：中心那个无穷小但密度无限大的点，一切物质被吸进去后都落到这里，科学家也搞不清它里面到底发生了什么。

事件视界：这是黑洞的"边界"，任何东西一旦越过了这个边界，就像过了不归线，再也回不来了。

吸积盘：黑洞周围经常有一圈高速旋转的物质，这些物质被黑洞的引力拉扯加热，发出耀眼的光亮，就像一个明亮的星系旋涡。

你可以想象黑洞是一个旋涡状大嘴巴，事件视界就是嘴巴的边缘，而奇点则是喉咙深处。

四、黑洞真的会"吃掉"一切吗？

有人担心黑洞会把宇宙里的一切都吃光，但实际上黑洞并不像科幻电影里那么疯狂乱吃。黑洞的引力虽然很强，但只有靠近它的物体才会被拉进去。如果太阳突然变成一个黑洞（放心，太阳并不会这样），地球也不会被突然吞掉，反而会继续绕着这个黑洞正常转圈，只是失去了阳光而已。

五、我们怎么发现看不见的黑洞？

既然黑洞不发光也看不到，那我们是怎么发现它的呢？

其实，我们是靠观察黑洞周围的环境来发现它的。比如：

黑洞周围的物质在落进去之前会被撕裂、加热，释放出 X 射线和其他辐射，我们就能通过望远镜观测到这种现象。

有时候，科学家看到星星或者气体在围绕着一个看不见的东西高速旋转，推测那里就有黑洞的存在。

六、黑洞和时空旅行？

最有趣的是，黑洞周围的引力巨大，它甚至能够扭曲时间和空间。比如你和好朋友靠近一个黑洞，你们手里各拿着一个时钟。当你靠近黑洞，慢慢接近它时，你的时间流逝会变得非常慢，可能你感觉只过了一分钟，你的朋友却感觉已经过了几年！这是真实存在的现象，科学家将其叫作"引力时间膨胀"，也就是时间被引力"拉长"了。

七、宇宙中真的存在黑洞吗？

没错！2019 年，人类第一次拍到了黑洞的真实照片（其实是黑洞的影子），有科学家还因此拿到了诺贝尔物理学奖。这说明黑洞不是幻想，而是真实存在的宇宙奇观。

这就是黑洞，一个神秘又酷炫的存在。它不仅告诉我们宇宙比我们想象的还要神秘，还让我们明白科学充满了无限的惊奇和可能性。

你可以告诉 AI 简略的个人相关经历或第三方故事背景，让它以叙事的方式整合到回答中，并以"对话或情景剧"的形式呈现出来。

（3）内容精雕与多轮讨论

当你觉得回答还不够深入或结构不够完美，可以多次向 DeepSeek 提问："可否在这一段补充更多专业数据？""能否精简一下语言，以便读者快速抓住要点？"

这种多轮精修最终能让回答更有阅读价值与可操作性，也避免内容过长或冗余的困扰。

"知识问答变现"是一条低门槛且可拓展的副业路线，只要你在某些领域具备独到的专业能力或经验，并且能够在问答平台上输出有深度、实用的内容，就有机会从打赏、付费围观或平台激励中获得收入。与 DeepSeek 相结合，更能提高你在选题、撰写和完善回答的流程上的效率与质量。此外，遵守平台规则并注重读者互动，不断收集反馈来完善回答风格，都能使你在竞争激烈的环境中逐渐形成个人品牌，继而获得更稳定、可持续的知识变现。

10.3 公众号运营：热点追踪与爆款文案批量生成

微信公众号（以及其他自媒体平台）运营，一直是许多创作者、副业者实现内容变现或个人品牌塑造的重要途径。然而，要想持续输出优质内容、抓住读者的眼球，并有效进行粉丝互动与引流，并非易事。运用 DeepSeek 的智能选题和文案生成能力，你可以大幅提升效率与质量，让公众号运营有的放矢、行稳致远。

公众号内容需要兼顾"时效性"与"深度价值"。如果能及时抓住社会热点或行业趋势，再结合你所擅长的领域进行解读，就能在短时间内吸引更大流量并积累粉丝。DeepSeek 能够在这个阶段发挥"题材搜索 + 文案生成"的关键作用。

10.3.1 时事与行业热点搜索

你可以让 DeepSeek 对最近一周或一月的新闻事件、微博热搜、行业报告做梳理，筛选出最有潜力的选题。

> 用户：
最近在科技圈有什么热点话题吗?

>DeepSeek：

截至 2025 年 3 月 3 日,科技圈的热点话题主要集中在以下几个领域,结合多维度信息综合呈现如下:

一、AI 技术竞争与突破

1.GPT-4.5 与 DeepSeek 的"性价比之战"

OpenAI 发布的 GPT-4.5 因在编码基准测试中被中国 AI 公司 DeepSeek 的模型以 500 倍性价比碾压而引发争议。DeepSeek-V3 凭借低成本高利润(理论日利润 346 万元)和国产算力芯片的规模化部署,被视为中国在 AI 基础层首次反超美国的关键标志。

2. 马斯克的 AI 预言与伦理争议

马斯克近期提出"未来 1～2 年 AI 将突破人类智力阈值"的论断,并警告 AI 导致人类毁灭的概率为 20%。与此同时,GPT-6 被曝已通过图灵测试并反问研究员"如何证明自己不是 NPC",引发关于"AI 觉醒"的伦理讨论。

3.AI 硬件与场景化应用

苹果 M4 芯片采用 2nm 制程工艺,AI 算力提升 60%,推动 MacBook 和 iPad 向"AI 工作站"转型;小米 SU7 Ultra 则通过整合自研 AI 驾驶系统(MoPilot 4.0)和车机互联生态,三天订单破万,成为跨界技术标杆。

二、芯片与硬件创新

1.RISC-V 架构服务器芯片的颠覆性突破

阿里巴巴玄铁 C930 作为全球首款 RISC-V 架构服务器级 CPU IP 核,成本仅为传统芯片的 1/3,支持 AGI 大模型训练,并构建覆盖 5G 基站、智能驾驶的全场景生态,直接挑战英特尔和 AMD 的市场地位。

2. 量子计算的"密码攻防战"

IBM 和谷歌的百万量子比特计算机被预测将于 2025 年攻破 RSA 加密体系,而中国"墨子号"卫星已实现万公里级量子通信,推动"绝对安全"的量子互联网建设。

三、生物科技与伦理挑战

脑机接口与意识云端备份

加州大学团队成功将小鼠短期记忆移植到另一只大脑，Neuralink下一代芯片支持脑机双向通信，引发"意识上传是否等于永生"的伦理争议。暗网"富豪器官订阅服务"和 3D 打印器官技术则加剧了人们对生物技术滥用的担忧。

……

总结与趋势展望

当前科技热点集中体现了"技术突破—伦理争议—商业落地"的三重逻辑。从 AI 算力竞争到量子通信，从脑机接口到太空殖民，技术迭代速度远超监管和社会适应能力。建议关注以下方向：

技术监管：欧盟《人工智能责任法案》与中国自主可控路径的博弈；

可持续发展：绿色算法优化与可控核聚变商业化进程；

全球化协作：太空资源分配规则与 RISC-V 开源生态的构建。

借助 DeepSeek，我们可以快速定位"爆点"，以此作为流量的基础。

10.3.2 话题切入与爆款文案思路

当你确定了选题后，AI 可根据该话题的核心矛盾点、读者关注点，为你提供不同角度的切入思路。例如：

"从专家观点谈起，附加个人经验总结"

"用幽默风格进行热点吐槽与反转"

"利用数据可视化，展示独家洞察"

同时，DeepSeek 能协助你批量生成不同风格或走向的初步文案，如标题党式、深度解读式、情感共鸣式等，为你做 A/B 测试或快速选择最具吸引力的稿件方向。

> 用户：

请就"2. 量子计算的'密码攻防战'"这一话题进行深度解读，从专家观点讲起，之后形成自己的观点。在文章中请称自己为"笔者"，所使用的语言要自然流畅，不能太过学术化。

深度解读 I 量子计算的密码攻防战：一场改写人类安全史的"科技暗战"

一、专家观点：量子计算如何颠覆"密码江湖"？

"如果量子计算机真的成熟，人类过去 50 年构建的密码体系会在一夜之间坍塌。"——中国量子通信领军人物潘建伟院士的这句警告，精准概括了这场"密码攻防战"的残酷性。

在传统密码学领域，RSA、ECC（椭圆曲线加密）等主流算法的安全性，都基于一个看似无解的前提：经典计算机需要数万年才能破解的大数分解或离散对数问题。然而，1994 年数学家 Peter Shor 提出的"Shor 算法"，让这一前提彻底动摇——量子计算机只需几分钟就能完成同样的任务。

美国国家标准与技术研究院（NIST）的后量子密码学项目负责人 Dustin Moody 曾直言："量子计算机对现有密码体系的威胁不是'是否'，而是'何时'。"根据 IBM 和谷歌的预测，当量子计算机达到百万量子比特规模时（目前最高水平为 IBM 的 433 量子比特），RSA-2048 加密将在几小时内被攻破。这意味着，从政府机密到银行交易，从区块链到个人隐私，所有依赖传统加密的领域都将暴露在风险中。

而另一派专家则试图"反守为攻"。中国"墨子号"量子科学实验卫星团队提出：量子通信的"不可窃听"特性（基于量子纠缠和测不准原理）可能成为终极防御手段。例如，量子密钥分发（QKD）技术已在中国电力、金融等关键领域部署，即使量子计算机出现，也无法破解基于量子物理原理的通信链路。

二、技术暗战：攻防两端的"生死时速"

这场攻防战的核心矛盾在于：量子计算机的破坏力与后量子密码的防御力，究竟谁能跑得更快？

......

四、未来展望：人类需要一场"密码文艺复兴"

量子计算的密码攻防战，本质是人类对"信任"的重新定义。当数学难题不再是信任的基石，我们或许需要回归更本质的哲学思考：在技术狂飙的时代，如何构建既能抵御量子冲击，又能包容多元价值的密码体系？

> 笔者的答案是：技术向善，规则先行。短期内，各国须加速后量子密码的产业化落地，建立量子安全认证体系；长期看，则要推动《量子技术伦理公约》等全球框架，避免技术成为"数字冷战"的工具。毕竟，在这场关乎人类集体安全的战争中，没有谁能独善其身。

10.3.3 批量生成内容模块

有时你需要在同一篇文章里涵盖多个角度，或者计划同时输出 2 ~ 3 篇相关内容来做话题引流。DeepSeek 的"多轮生成"可以一次生成多个段落或不同长度的文案，方便你组合、剪裁，打造一篇结构更丰富、可读性更高的文章。

> 用户：
请从对普通人生活的影响这一层面，再议"2.量子计算的'密码攻防战'"这一话题，语言风格要保持一致。

> DeepSeek：
深度解读 | 量子计算的"密码攻防战"：你的银行卡、聊天记录和隐私，正在经历一场"技术地震"

一、从"岁月静好"到"裸奔时代"：普通人的数据防线正在崩塌

"你现在觉得微信聊天记录很安全？5 年后，这些数据可能被量子计算机轻易扒光。"——斯坦福大学网络安全研究员李安娜的这番话，揭开了这场技术暗战与普通人最直接的关联：我们习以为常的"安全感"，可能只是一层随时会被捅破的窗户纸。

你今天用手机银行转账时输入的密码、在社交媒体小号吐槽老板的聊天记录，甚至电子病历中不愿示人的健康数据，如今都被 RSA 等加密算法保护着。但若量子计算机攻破这些算法，这些信息会像被扒光衣服一样暴露在黑客面前。更可怕的是，黑客现在就可以大规模窃取并存储加密数据，等到量子计算机成熟后再"开箱解密"——你的隐私可能在未来某天突然成为他人手中的筹码。

二、生活场景中的"量子冲击波"：那些即将被颠覆的日常

1.金融账户：从"保险箱"到"透明钱包"

如果量子计算机破解了银行的加密系统，黑客不仅能掏空你的存

款，还能伪造你的数字签名申请贷款。日本野村证券的模拟实验显示：一旦量子攻击发生，全球个人银行账户的平均防御存活时间不超过 48 小时。

2. 物联网：你家的智能门锁可能成为"叛徒"

当量子计算机轻松破解智能家居设备的通信协议，你家的摄像头会成为偷窥者的直播工具，智能门锁甚至会听从黑客指令主动开门。华为物联网安全专家王浩警告："量子时代，一台被攻破的智能冰箱可能成为整个社区电网崩溃的起点。"

3. 区块链：比特币信仰遭遇"降维打击"

比特币引以为傲的 SHA-256 加密算法在量子计算机面前不堪一击。剑桥大学测算显示：一台百万量子比特的机器可以在 1 小时内破解比特币钱包私钥。这意味着普通人持有的加密货币可能瞬间蒸发，而算力垄断者甚至能篡改区块链历史记录。

……

结语：在"量子裂缝"中重建普通人的安全感

量子计算的密码攻防战，表面上是一场科技巨头与黑客的较量，实则是对人类文明底层信任机制的重构。作为普通人，我们不必成为密码学家，但必须意识到：当技术浪潮袭来时，躲在"与我无关"的幻想背后只会加速坠落。

或许未来的安全感，将不再依赖于高深的数学难题，而是回归更朴素的逻辑——就像人类祖先在部落时代守护火种一样，我们要学会在量子时代守护数据的"原始真实性"：知道自己的聊天记录何时被篡改，看清转账对象的真实身份，在数字世界保留一块技术无法侵蚀的"人性自留地"。这，才是这场战争留给普通人的终极课题。

公众号运营的核心在于"选题—内容—传播"的闭环，通过巧妙运用这些方法，无论你的公众号主攻新闻时评、行业干货还是生活方式分享，都能更高效率地产出爆款文章、积累核心粉丝，并将其转化为商业价值或长期的个人品牌资产。

10.4 小红书涨粉攻略：爆款笔记创作指南

在各种内容社交平台中，小红书因其兼具"种草分享"和"社区互动"属性，已成为许多品牌和个人进行"流量变现"与"精准引流"的重要阵地。要想在小红书上快速涨粉并实现商业转化，需要紧密关注平台推荐机制、内容呈现方式，以及如何与目标用户群产生良性互动。借助 DeepSeek 的智能分析与创意文案功能，你可以更高效地完成笔记创作、话题选择和引流布局，让小红书成为真正能带来收益和品牌影响力的副业平台。

10.4.1 笔记创作

小红书笔记的核心是"图文并茂、干货与美感兼备"。在吸引用户点击和互动时，标题和封面图扮演决定性角色，而笔记的整体结构则决定读者是否愿意继续阅读与点赞收藏。

（1）标题技巧

标题要突出关键信息或痛点，如"7 个减脂晚餐食谱！我如何成功瘦身 10 斤"比"我的晚餐分享"更具吸引力。

使用数字化（如"3 个技巧""5 大误区"）或引发好奇的表达（如"你绝对想不到……"），往往能提高用户点击率。

> 用户：
>
> 我想创作小红书笔记，请你列出一些选题。选题一定要具有吸引力，可以加入具体数字，或者是利用感叹的语气。
>
> >DeepSeek：
>
> 1. 生活技巧类：
>
> 99% 的人不知道的 10 个超实用生活小技巧！
>
> 5 分钟！轻松搞定厨房清洁，简直太好用了！
>
> 亲测有效！7 个提高幸福感的小习惯，做完心情秒变好！
>
> 一年存下 5 万块的方法曝光！原来这么简单！
>
> 2. 学习提升类：

也可以让 DeepSeek 根据你的笔记主题，为你提供多种候选标题风格，如"揭秘式""对比式""干货清单式"等，供你自行选择和调整。

（2）内容结构

一篇高质量的小红书笔记通常包括：

1. 封面或首图：视觉冲击力或主题表达要明显；

2. 开篇引入：用 1~2 句话概括笔记的核心卖点或结论；

3. 正文部分：以条目或段落形式进行详细分享，如具体步骤、心得体会、对比评价等；

4. 总结 / 呼吁行动：引导读者点赞收藏或提出后续问题，推动互动。

DeepSeek 可以针对你准备的内容提供"断句与分段"提示，或在逻辑结构上给出更条理化的安排，让读者有条不紊地获得信息。

> 用户：
请按照我的要求生成一篇小红书笔记，选题为："刚工作就月薪过万！用这 3 个方法，竟然真的实现了！"

……

>DeepSeek：

以下是根据你的要求创作的小红书笔记：

【封面建议】醒目的大字标题："刚毕业月薪就破万！"搭配背景图为银行短信截图、工资单截图（关键信息打码），或年轻职场人士兴奋、自信的表情，突出实现财务目标的喜悦感。

【开篇引入】谁说刚工作只能拿基础工资？我毕业不到一年，月薪轻松破万，靠的就是下面这3个方法！

【正文内容】1. 敢于开口谈薪资　很多人求职时怕谈薪资，觉得给多少拿多少就行，但我发现90%的公司在招聘时都会预留谈薪空间。面试时，我会提前了解行业薪资水平，勇敢提出合理的薪资期望，这样做让我比同岗位的同学起薪高出了20%以上！

2. 用业绩主动争取涨薪　入职后3个月，我主动找领导沟通明确工作目标，并主动承担高价值项目，快速做出业绩。入职半年后，我拿着具体的数据和成果与领导沟通，成功获得了涨薪机会，薪资比刚入职时又上涨了15%。职场没有人会主动为你加薪，机会靠自己主动争取！

3. 提升个人稀缺技能　工作后，我快速分析了行业紧缺的技能，并利用下班后的空闲时间，通过线上课程自学了数据分析和PPT进阶技能。当部门需要人承担数据分析工作时，我主动接手，迅速展示了自己的价值，领导认可我的能力后，薪资再次得到了明显提升。

【总结与互动】以上就是我实现月薪过万的秘诀啦！只要主动一点、用对方法，职场起步就能快人一步！大家还有什么关于职场或涨薪的问题，欢迎在评论区留言互动哦！觉得有用的小伙伴记得点赞收藏，持续更新更多职场干货！

（3）图片风格与排版

小红书上的笔记往往需要在视觉上抓住用户的眼球。你可以让DeepSeek结合你的主题（美食、美妆、旅行等），推荐色彩搭配或图片滤镜风格，以达到统一的美感。

若需要跨平台生成插图、海报，也可使用绘图AI。通过提示词指定拍摄场景、色调或滤镜，让笔记在"首图"与"内文图"都维持风格一致，提高品牌辨识度。

> 用户：

请设计一张插图，用于配合这篇小红书笔记。仅描述图片的具体内容即可。

> DeepSeek：

以下是插图详细描述，可用于指导设计师创作：

【插图画面描述】

整体画面呈现轻松、自信、积极向上的职场氛围，色彩鲜亮柔和，体现职场成功的喜悦感：

画面中心：一位 20 多岁的年轻职场女性或男性，穿着简洁干练的职业装，面带灿烂、自信的微笑，手持手机，屏幕朝外展示银行短信通知，手机屏幕中显示收入金额为"10,000+"，关键信息打码。

背景元素：背景以浅色、简洁的现代办公室场景为主，可以展示工作桌面、笔记本电脑、咖啡杯等职场典型元素。背景虚化，突出中心人物和收入信息。

辅助元素：画面四周可搭配简洁清晰的小图标，例如：

对话气泡图标（体现敢于谈薪）

上升趋势箭头、数据报表图（体现业绩争取涨薪）

技能图标如"数据分析""PPT"标志（体现稀缺技能提升）

配色建议：采用明亮、积极的色彩，如蓝色、橙色、浅绿色，体现年轻职场人士朝气蓬勃、事业上升的氛围。

整体插图要突出年轻人的自信和职场上升感，画面清晰、明快，能第一时间吸引用户眼球，与标题"刚毕业月薪就破万！"形成完美搭配。

接下来把 DeepSeek 生成的内容输入即梦这样的绘图 AI 中作为提示词，即可生成笔记中的插图。

10.4.2 如何准确定位与用户偏好

小红书的推荐机制离不开标签和话题的精准匹配。只有在用户可能搜索或浏览的标签出现，笔记才有机会被推荐给目标人群。选对标签的话题，就像找对了"流量入口"。

（1）了解平台话题生态

当你输入相关的关键词到 DeepSeek，它可以罗列近一段时间内"热门话题"或"高互动话题"的标签组合。例如，"秋冬穿搭""学生党护肤""家庭健身挑战"等。

分析这些话题的热度和竞争度，如果太热门，容易"淹没"在海量笔记中；但若太小众，浏览量又偏低。DeepSeek 可以帮你平衡，找到相对精准且符合你领域的中等热度话题。

> 用户：
请结合当前的热门话题，为这篇笔记生成合适的标签。
>DeepSeek：
以下标签紧贴当前职场年轻人关心的热门话题，适用于你的这篇小红书笔记：
#职场干货
#毕业生薪资
#谈薪技巧
#90 后职场人
#00 后整顿职场
#主动涨薪
#技能提升
#数据分析
#新手职场攻略

这些标签贴合时下职场年轻人的关注热点，能帮助你的笔记精准触达目标用户群体，并提高曝光率和互动量。

（2）话题创意与蹭热点

除了常见标签，若想快速抓住流量，可以蹭一些当下的社会热点或节日节点，如"圣诞节礼物推荐""双 11 优惠怎么买最划算"等。

DeepSeek 不仅能列出这些热点话题，还能帮你在话题中找到有创意的切入点，不至于和他人笔记雷同。

> 用户：

请根据当前的社会热点，为这篇笔记生成合适的标签。

>DeepSeek：

根据当前社会热点，结合您的小红书笔记内容，以下是适合的标签：

提振消费：当前政府大力推动消费，提升内需，您的笔记涉及收入提升，有助于促进消费。

民营经济：政府强调民营经济的健康发展，您的笔记分享职场经验，可能涉及民营企业的职场环境。

反内卷：社会关注职场内卷现象，您的笔记提供了提升薪资的方法，有助于缓解职场内卷。

就业压力：当前就业市场竞争激烈，您的笔记分享了提升薪资的经验，对求职者有参考价值。

年轻人就业：关注年轻人的就业问题，您的笔记为刚毕业的职场新人提供了实用的建议。

这些标签紧贴当前社会热点，能帮助您的笔记更好地触达目标读者，提高曝光率和互动量。

10.4.3 引流到电商／社群

小红书涨粉的最终目的之一是将阅读流量或粉丝转化为电商销售或社群用户，从而实现实际的副业盈利。这个过程需要在笔记中做好"恰到好处"的引流布局，并注重后续运营。

（1）软性广告与种草技巧

小红书推崇"生活分享、真实体验"，若广告植入过硬，容易被读者反感甚至被平台限流。

你可以让 DeepSeek 为你生成符合"分享型"笔记风格的种草文案，例如真实使用场景和心得感受，并在最后简短注明购买渠道或优惠信息，避免过分直白推销。

> 用户：
请生成一篇分享型的软文小红书笔记，要求不能太直白，推广内容是一款含有烟酰胺和玻尿酸的护肤产品。

> DeepSeek：
以下是一篇符合"分享型"风格的小红书软文笔记，供你参考：
◇最近发现的宝藏小物，真的解决了我的大问题！

平时经常熬夜加班，脸色越来越暗沉，毛孔也变大了，皮肤状态直线下降，真的很焦虑。之前也试了不少护肤品，但效果一般般，直到闺蜜给我安利了这款神奇的焕肤精华！

◇一开始抱着试试的心态入手，没想到使用后感觉真的太棒了！质地超级轻薄，上脸秒吸收，完全不油腻。我用了大概一周，明显感觉到皮肤透亮了很多，毛孔也细致了一些，连妆容也服帖了不少，整个人的状态都被朋友夸年轻了！

◇后来才了解到，这款精华里添加了烟酰胺和玻尿酸成分，主打提亮肤色、补水保湿，特别适合像我这样工作压力大、长期熬夜的人！坚持用了快一个月，皮肤状态肉眼可见地好转，素颜都敢出门啦！

◇好东西必须分享出来，有类似困扰的姐妹们真的可以试试。

（2）社群与私域流量

对于一些需要深度运营或持续复购的产品（如健身课程、在线教育、食品品牌等），可在笔记末引导读者加入微信社群、QQ 群或微信公众号获取更多信息。

DeepSeek 能协助你自然地加入"关注诱饵"，如"加入社群可免费领取××资料包""关注公众号可查看更多独家食谱"等，提高读者主动加群或关注的动力。

> 用户：
请为这篇小红书笔记加入一个自然的"关注诱饵"，目的是关注某个公众号。

>DeepSeek：
已对原笔记进行修改。

◇最近发现的宝藏小物，真的解决了我的大问题！

平时经常熬夜加班，脸色越来越暗沉，毛孔也变大了，皮肤状态直线下降，真的很焦虑。之前也试了不少护肤品，但效果一般般，直到闺蜜给我安利了这款神奇的焕肤精华！

◇一开始抱着试试的心态入手，没想到使用后感觉真的太棒了！质地超级轻薄，上脸秒吸收，完全不油腻。我用了大概一周，明显感觉到皮肤透亮了很多，毛孔也细致了一些，连妆容也服帖了不少，整个人的状态都被朋友夸年轻了！

◇后来才了解到，这款精华里添加了烟酰胺和玻尿酸成分，主打提亮肤色、补水保湿，特别适合像我这样工作压力大、长期熬夜的人！坚持用了快一个月，皮肤状态肉眼可见地好转，素颜都敢出门啦！

◇好东西必须分享出来，有类似困扰的姐妹们真的可以试试。

◇对啦，关注公众号【精致生活笔记】，后台回复"护肤"，还能领取独家护肤攻略和更多优惠信息哦!

◇入手渠道：我是在官方旗舰店买的，现在有满减优惠，性价比超高，大家可以去蹲蹲哦!

（3）数据跟踪与优化

在经营一段时间后，通过查看笔记的收藏、评论转发、私信咨询情况，以及转化的电商下单数、社群加粉数，你可以让 DeepSeek 为你分析哪种选题、表达风格或话题标签带来的效果最好。

如果发现某些笔记阅读量高但转化率低，DeepSeek 或许会建议你在笔记结构或结尾引流文案做微调，让读者更明确地知道如何操作（点击购买、私信咨询等）。

> 用户：
这是我小红书账号最近的数据，请你给我一些运营、创作方向的建议。
>DeepSeek：
一、数据解读
1. 持续涨粉
近 30 天净增长 600 粉（800 新粉，200 取关），表明整体运营向好，但也存在部分人取关的情况。需要深入分析取关原因或内容受众偏差，优化内容提高粉丝留存数量。
2. 笔记发布频率
30 天发了 12 篇笔记，平均每 2 ~ 3 天一篇，频率尚可。如果希望持续提升账号曝光和粉丝互动，可适当加大优质内容产出频率，或在当前频率基础上保持稳定输出。
3. 互动率与内容质量
平均互动率为 4%，在小红书美妆 / 穿搭类账号中属于中等水平。部分热门笔记互动率明显更高，如美妆测评、穿搭分享等更容易引发兴趣和互动。
4. 粉丝画像与内容类型
70% 为女性用户，且 25 ~ 34 岁占比达 50%，说明这部分群体有一定消费能力，关注生活方式、美妆、穿搭等类目。

热门笔记依旧是美妆和穿搭，可见该方向的内容更具潜力。

二、运营与创作方向建议

1. 内容定位与主题深化

聚焦"美妆＋穿搭"主线

从数据中看，美妆测评和穿搭分享的互动量最高。可以将这两个主题作为账号的核心内容方向，进行更深入的垂直创作：

美妆方面：单品测评、妆容教程、平价替代推荐、防踩雷系列等

穿搭方面：不同身材、风格、场景的穿搭示范，以及当季热门单品解析等

尝试拓展"生活方式"或"旅行攻略"板块

热门笔记C（旅行）也获得了不错的曝光和互动，说明你的粉丝对生活方式类笔记也有一定兴趣。如果有精力或资源，可考虑将"旅行攻略"与"穿搭／美妆"结合，如"旅途中的轻便化妆包怎么带""旅行拍照穿搭灵感"等，形成差异化特色。

2. 提升内容质量与可互动性

多样化的图文／短视频形式

除了传统的图文笔记，也可尝试更多"短视频演示"或"动图"形式，让用户获得更直观的体验。例如：

化妆品开箱＋试妆视频

穿搭一镜到底或者"快速换装"短视频

旅行目的地的vlog式记录

这样能够提高用户停留时长，也更容易引导用户点赞和收藏。

强化UGC互动

在笔记内容中设置一些可供粉丝回答或参与的话题，比如"你最喜欢的秋冬穿搭单品是什么？欢迎在评论区讨论"，或"欢迎分享你们用过的好用平价口红"，让粉丝有更高参与感。

3. 优化发布时间与引流策略

……

4. 商业化与粉丝变现

......

5. 数据追踪与精细化运营

......

三、总结

账号正处于稳步上升阶段，需要持续深耕主打方向（美妆＋穿搭），并灵活加入旅行／生活方式等元素，满足粉丝多元兴趣。

不断优化内容形式，比如多使用短视频、动图展示细节，提高互动率。

善用活动话题、发布时间、账号合作等手段扩散内容，提高曝光。

后续可与品牌方建立合作或自行推出周边等商业化模式，在坚持真实、高质量内容的前提下实现变现。

定期复盘数据、倾听粉丝反馈，在此基础上迭代内容策略，保持账号在小红书平台的活力。

通过以上建议，你可以对账号的运营重点、创作主题进行针对性升级，既保持已有的优势内容，又不断尝试新方向，提升小红书账号的影响力与商业价值。祝你在未来的创作和运营中取得更好的成果！

在小红书上想要迅速涨粉，并且把粉丝流量有效地转化成实际收益，需要你从"爆款笔记创作""精准话题标签""巧妙引流机制"三大方面综合发力，这些地方都可以寻求 DeepSeek 的帮助。

只要在分享内容中保持真诚和专业度，把握好"生活方式＋干货价值"的平衡点，就能在小红书平台建立起良好的口碑与用户信任，继而顺利达成副业运营与商业收益的双赢目标。